情報理論とデジタル表現

加藤　浩・浅井紀久夫

情報理論とデジタル表現（'19）
©2019　加藤　浩・浅井紀久夫

装丁・ブックデザイン：畑中　猛
o-9

まえがき

　情報化社会といわれる現在，コンピュータやインターネットは仕事や生活に欠かせないものとなりました。コンピュータは高速化，小型化の一途をたどり，今や手のひらサイズのスマートフォンで日常生活の多くの用事を済ませることができます。このようなことができるのは，コンピュータやインターネットが確実に，しかも高速に動作するからです。

　スマートフォンでは無線通信が利用されますから，デジタル情報の伝送中に雑音の影響で誤りが発生する可能性があります。情報を正確に伝送するには，途中で誤りが生じても，それを検出して正しく訂正できなければいけません。また，通信容量には限りがありますから，高速に伝送するには，無駄を省いて情報を短く表現しなければいけません。この「情報を正確に，かつ高速に伝送する」ことを実現するための数理的枠組みが，情報理論です。

　情報理論の基礎は，アメリカ合衆国の情報科学者クロード・シャノン博士によって築かれました。彼は，1948年の論文「通信の数学的理論」の中で，通信路を通して伝送できる情報の定量化と理論的限界を確率論に基づいて示しました。この理論によって通信を科学的に取り扱うことが可能になり，その後の情報通信技術の目覚ましい発展につながっています。

　スマートフォンでは音声通話の他に，SNSで文字や写真などを交換したり，現在地を地図上に表示したり，コンテンツ配信サービスで音楽や映画を楽しんだりできます。デジタル技術はこれらの文字，音，画像，映像といった形態の情報を，デジタルデータとして一元的に取り扱うことを可能にしていますが，その処理はそれぞれの情報形態の特性を加味したやり方で行われます。

　本科目では情報理論の基本を扱います。情報量やエントロピーなど情報の数理的扱い，情報を圧縮したり，誤りが起きたときそれを検出・訂

正したりする技術について学びます。情報理論は，工学的に広く応用されています。そこで，文字，音，画像，映像など，さまざまな形態の情報が，その特性に応じてどのような技法でデジタルデータ化されているかを学びます。さらに，情報の秘匿やセキュリティの基盤としての暗号化についてその方式の基礎を学びます。

　本科目では数学的な厳密さよりも情報理論の考え方に重点を置いて説明しましたが，情報理論は数理的な枠組みですから，数式表現を避けることはできません。特に線形代数と確率統計を中心にした数学が必要になります。そこで，第2章から第4章では，本科目の内容を理解するのに必要な数学を平易に解説しています。ですので，数式に臆することなく，学習を進めていただきたいと思います。また，各章には，本文中の例題や章末の演習問題が用意されています。これらは本文で説明した内容を確認すると共に，要点を掴むのに役立ちます。計算問題も含まれますが，面倒くさがらずに，ぜひ取り組んでいただきたいと思います。そうすれば，きっと，情報理論，情報のデジタルデータ化，暗号方式の基本が理解できるようになります。

　情報理論の面白みは，情報の主観的な意味内容ではなく，その統計的性質に着目することによって情報を定量化したことにあります。その巧妙な仕組みと応用の広さを知っていただき，情報理論とデジタル技術の醍醐味を味わっていただきたいと思います。

　この科目の教材制作にあたっては，多くの方にお世話になりました。特に，原稿（8～10章）に目を通し有益な助言を下さった近藤喜美夫先生に深く感謝いたします。

2019年3月
浅井　紀久夫
加藤　浩

目次

まえがき　　3

1 ｜ デジタル情報処理　　｜加藤　浩　9
1．アナログとデジタル　　9
2．情報のデジタル化　　12
3．デジタル情報処理の特徴　　17

2 ｜ 数の符号化　　｜森本　容介　24
1．位取り記数法　　24
2．コンピュータ上での数の表現　　34

3 ｜ 情報理論のための数学　1　｜森本　容介　42
　　―対数・行列・剰余演算―
1．数学で使う記号　　42
2．対数　　44
3．行列　　50
4．剰余演算　　54

4 ｜ 情報理論のための数学　2　｜森本　容介　61
　　―確率論の基礎―
1．場合の数　　61
2．事象と確率　　68
3．確率分布とマルコフ過程　　76

5 情報量　　　　　　　　　　　　　　　加藤　浩　83
1．情報とは　83
2．情報量　85
3．情報量の加法性　88

6 エントロピー　　　　　　　　　　　　加藤　浩　95
1．エントロピーとは　95
2．熱力学のエントロピーと情報理論のエントロピー　101
3．条件付きエントロピー　102
4．相互情報量　105
5．カルバック・ライブラー情報量　106

7 ベイズの定理　　　　　　　　　　　　浅井　紀久夫　113
1．ベイズの定理　113
2．情報量との関連　118
3．ベイズの定理の応用　120

8 通信のモデル　　　　　　　　　　　　浅井　紀久夫　130
1．通信モデル　130
2．誤りのある通信路　135
3．情報源のモデル　141

9 情報の圧縮　　　　　　　　　　　　　浅井　紀久夫　150
1．符号化と符号　150
2．符号の基本的性質　155
3．情報源符号化の限界　159

10 誤り検出と誤り訂正 　　浅井　紀久夫　170

1．誤り検出と誤り訂正の考え方　170
2．線形符号　174
3．巡回符号　181

11 テキストの符号化 　　森本　容介　191

1．コンピュータ上での文字の表現　191
2．符号化文字集合と文字符号化方式　196
3．文字コードにまつわる留意事項　202

12 音の符号化 　　浅井　紀久夫　206

1．音と圧縮技術　206
2．波形符号化　210
3．分析合成　215
4．MP3　218

13 画像の符号化 　　浅井　紀久夫　226

1．画像の表現方法　226
2．画像の圧縮処理　232
3．画像の圧縮符号化技術　239

14 動画の符号化 　　浅井　紀久夫　247

1．動画の表現方法　247
2．動画圧縮技術　253
3．MPEG符号化　259

15 | 暗号　　　　　　　　　　　　　　　　　　加藤 浩　267

1. 暗号とは　267
2. 共通鍵暗号　268
3. 公開鍵暗号　277

索引　284

1 │ デジタル情報処理

　　　加藤　浩

《**目標&ポイント**》　アナログとの対比でデジタル情報処理の特徴と利点を解説し，音や画像などの情報のデジタル化の例を通してデジタル化の意味を理解する。デジタル情報処理の例として情報圧縮，誤り検出符号，誤り訂正符号，プロトコルによる通信制御について概観する。
《**キーワード**》　デジタル，アナログ，符号，標本化，量子化，情報圧縮，誤り検出符号，誤り訂正符号，プロトコル

1．アナログとデジタル

　「アナログ」と「デジタル」という言葉にどういうイメージをもっているだろうか。アナログは連続量，古くさい，温かい，あいまい，劣化する…。対して，デジタルは離散値，現代的，冷たい，厳密，劣化しない…などが一般的なイメージではないだろうか。これらは，どれもアナログとデジタルの一面を捉えてはいるが，その本質的な違いは何なのだろうか。

　アナログとはもともと「相似」という意味であり，自然界に存在する物理量（信号）をなるべく相似関係を維持したまま別のメディアに写し取ったり，増幅したりするのが**アナログ情報処理**である。

　例えば，アナログ時計には文字盤と長針・短針などがあり，それらの位置関係で時刻を表す。ここでは針の回転角度が時間の流れと相似の関係を保っている。もう一つ，音楽のレコードの原理を見てみよう（図1-

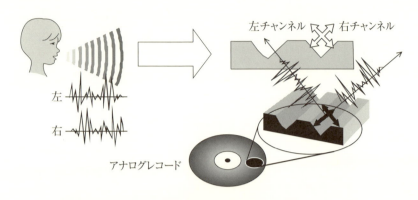

図1-1　アナログ信号処理の例（アナログレコード）

1）。音は空気中の粗密波（縦波）であり，マイクロフォンで音を拾うと，その地点での音圧の時間的変化が電圧の変化へと変換される。次に，その電圧の変化をもとに，レコードの原盤に溝を刻む。レコードの溝は底が直角になったⅤ字谷の形をしているため，谷の両側に左右のチャンネルの音声を互いに干渉することなく刻み込める。結局，音の波形が，相似形を保ったまま電圧の波形へ変換され，さらにそれがレコードの溝の凹凸へと変換されているのである。

　アナログの本質は物理量（信号）を「相似」な関係を保ったまま別の物理量（信号）に変換していくことであることがわかった。それではデジタルの本質は何だろうか。

　アナログ時計のやっていることは，単に時間の経過に比例して針を回転させているだけであり，針の位置から時刻が何時何分かを読み取るのは人間の認知的作業である。一方，デジタル時計は初めから「何時何分」かを数字で表示している。すなわち，アナログ時計では物理量である針の角度を人間が人為的な規則に従って時刻へと記号化するのに対し，デジタル時計では時刻が初めから記号化されている。この記号（符号とも

いう）を扱うことがデジタルの本質である。

　ここで「人為的な規則に従って」という点を少し掘り下げてみよう。

　実は私たちの住まう世界は，徹頭徹尾アナログの世界である。デジタルは人間が構築した理論的な世界でしかない。例えば，私たちは鉛筆を1本，2本と数えて，「ここに鉛筆が2本ある」と言う。しかし，厳密に言えば，この世にまったく同一の鉛筆など存在しない。例えば，長い鉛筆と短い鉛筆を，同じように一本と数えてしまっていいのかというような問題は常につきまとう。微小な違いには目をつむって，1本，2本と数えましょうという暗黙の合意があるからこそ数を数えることができるのである。ここでは具体的なモノの単純な整数への抽象化が見られる。

　同様に，コンピュータで取り扱う文字には文字コードが割り当てられている[*1]。例えば ASCII コードによると「A」の文字コードは十六進数[*2] の $41_{(16)}$ である。$41_{(16)}$ が表すのは，「A」という文字種だけであり，そこには字の大きさや太さや色や書体は含まれない。しかし，現実世界にはそのような「A」は存在しない。今，私たちが見ている「A」には，必ず字の大きさや太さや色や書体が伴っており，それなくして文字は成

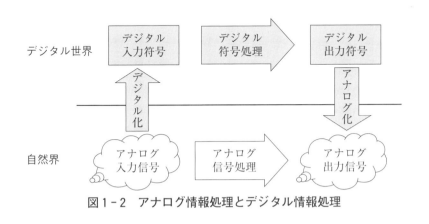

図 1-2　アナログ情報処理とデジタル情報処理

---

*1　テキストの符号化については第 11 章で詳しく述べる。
*2　十六進数については第 2 章で扱うので，ここでは，単にユニークな番号が割り当てられていると理解しておけばよい。

立しえないからである．このように，デジタルの世界は人為的な取り決めの上に成立している理論的な世界なのである．

まとめると，図1-2（下）にあるように，自然界にある物理量と一定の関係を保ったまま信号処理するのがアナログ情報処理であるのに対して，図1-2（上）のように物理量を一定のルールで抽象的な符号に変換（デジタル化）し，その符号を処理（計算）し，最終的には符号を再度人間が知覚できるように変換（アナログ化）して出力するというのがデジタル情報処理である．

2．情報のデジタル化

前節で文字を符号に変換する例は紹介したが，文字はもともと記号であり，それを符号にするというのは，できて当然といえなくもない．それよりも，音とか図形などのように，符号とはかなり縁遠いものを符号にしてこそ，デジタルの有用性が理解できるだろう．それでは音や図形はどのようにしてデジタル化しているのであろうか．

詳しいことは，第12章で音の符号化，第13章で画像の符号化，第14章で動画の符号化を扱うので，ここではそのエッセンスを述べよう．

（1）声のデジタル化

音をマイクロフォンで拾うと，音圧の時間的変化が電圧に変換される．横軸を時間，縦軸を電圧（音圧）にとると，音声は図1-3に示すような波形として表現できる．この波形は連続量のアナログ信号である．これをデジタル化するには，一定の時間間隔で電圧を計測して一連の計測値データを得る．このことを**標本化**（sampling）という．

連続的に変化する波形を，一定時間間隔で計測すると，計測と計測の間に起こる細かい変化の情報は失われる．時間間隔が短いほど失う情報

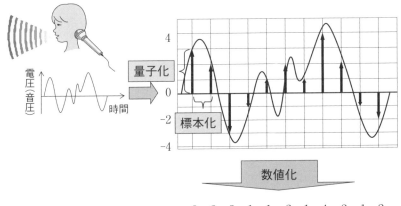
図1-3 音声のデジタル化

は少なくてすむが，必要以上にデータの量は増やしたくない。ならば，どれぐらいの時間間隔で計測すれば，必要な情報が失われないですむのであろうか。それを示してくれるのが**標本化定理**である。それによると，含まれる周波数成分のうち最大のものの倍以上の周波数で標本化を行えば，計測したデータから元の波形を復元できる。例えば，CDでは毎秒44,100回（22.7マイクロ秒間隔）計測を行うので，理論上はその半分の周波数の22,050 Hzの音まで再現可能である。人間の可聴周波数帯はおよそ20〜20,000 Hzといわれているので，CDの音は可聴域をカバーしていることがわかる。

さて，上記の標本化で計測した信号は，一般には連続値であり，正確に計測すればするほど有効桁数は多くなる。できることならば，高い精度で利用したいが，そうするとそれを表現するための情報量が大きくなるため，処理の効率が下がる。したがって，現実には，妥協できる範囲で，ある一定の精度の数値に丸める必要が生じてくる。この丸め操作を

量子化という。CDの場合は二進数で16桁，すなわち65,536段階で値を表現している。

以上のような手順によって，音は一連の数値列に変換できる。その数値列は，一定の規格化された方式でCDなどに記録される。

次に，数値列から音を復元する方法について説明しよう。CDなどから読み取ったデータから元の数字列を取り出し，それを先ほどと逆の操作によって電圧の波形の信号に直すと，標本化・量子化のために図1-4のようなカクカクとした波形の信号になる。これは元の信号とあまり似ていないが，これを低周波通過フィルターに通してやると，ほぼ元通りの波形の信号が得られる。これは**標本化定理**によって理論的に裏付けられている。「ほぼ元通り」というのは，第1に自然音には可聴域よりも高い周波数成分が含まれていることがあるが，標本化しているため標本化周波数の半分より高い周波数は再現できないということがある。これを**標本化誤差**という。第2には量子化によって，もともとの正確な値から丸め誤差が発生している。これを**量子化誤差**という。これらの誤差は音の歪みとなって現れる。このように，デジタル化の段階においては，情報の劣化が生じることがある。

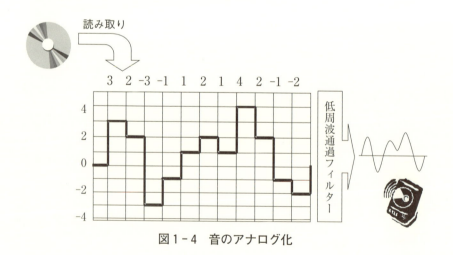

図1-4　音のアナログ化

（２）絵や写真のデジタル化

　印刷物の表面を拡大して見ると，微小な単色領域（画素）の集まりでできていることがわかる。このように絵や写真は画素によって表現することができる。そこで，絵をデジタル化するときには，図 1 - 5 に示すように絵を微小なマス目で区切り，マス目ごとにそのマス目内を代表する単色を割り当てる。マス目を小さく区切れば区切るほど，マス目のギザギザは目立たなくなる。このマス目に区切るという操作が標本化である。

　ここでは送る絵が白黒なので用いる色は白・黒の 2 色とし，白に 0，黒に 1 という符号を割り当てる。絵の輪郭線がマス目にかかるときには，マス目の半分以上が黒で覆われているときには 1，そうでないときには 0 という丸め操作を行う。この操作が量子化である。実は白と黒の間に多段階に濃さの異なる灰色を設定し，輪郭線の画素にそれをうまく配置する（アンチエイリアス処理）と輪郭線がなめらかに見えるという効果があるが，ここでは原理を説明するという目的のために単純にしておこう。

　こうやってできた数字の配列を，一定の順で読み出すと，0000110…という数字列が得られる。このままでは無駄に長いのでもうひと工夫を施そう。この数字列を見ると同じ数字の連続が多いことに気づく。そこで数字 a が n 個連なるときには na と略すことにする。例えば，

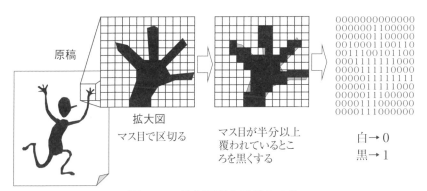

図 1 - 5　絵や写真のデジタル化

"000001111000"という系列ならば0が5つ，1が4つ，0が3つなので"504130"と書くことにする。さらにこれを見ると，1桁おきに0と1が交互に現れる。そこで，左端の桁は必ず0の個数を表すという約束にしておけば，naのaを省略して"543"とすることもできる。もしも左端の数字が1ならば左端には0が0個あったとみなして最初に0をつければよい。このように情報を保ったまま符号長を短くする操作を圧縮(情報源符号化)という。圧縮することによって，記憶容量や通信時間が節約できる。圧縮には完全に元の符号に復元できる可逆圧縮と，実用上問題にならない程度に情報が変化する非可逆圧縮がある。前者は文書ファイルなどに，後者は音や画像や動画などに用いられる。可逆圧縮については第9章で詳しく述べる。

こうやって作った数値列を絵の画素の縦横の個数(解像度)などの情報とともに規格化された形式で保存する。

次に，復元であるが，データから解像度と数値列を取り出し，解像度にしたがって数を配列に配置してやると図1-6の左に示すような1・0の配列が得られる。解像度のマス目をこの配列にしたがって，1を黒，0を白色で塗りつぶすと元の絵がほぼ復元できる。ここでも，なめらかだっ

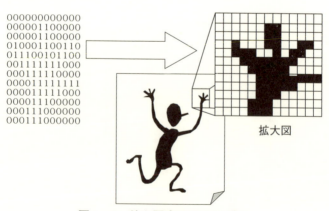

図1-6 絵や写真のアナログ化

た輪郭線がギザギザになったり，中間階調が表現できていないという情報の劣化が起きていることには注意しよう。

（3） 情報の二進数変換

以上のように，さまざまな情報がデジタル化によって数値列に変換できる。詳しくは第2章で述べるが，数値は必ず1と0から構成される二進数に変換できるので，結局，情報は1と0の数字列に変換できることになる。

これを計算したり，伝達したり，保存したりする際には，1と0を電圧の高低（コンピュータ），磁化の極性（ハードディスク），光の明滅（光ファイバー），音の長短（モールス信号），煙の有無（のろし）などに対応づける。要するに，1の状態と0の状態が明確に識別できさえすれば情報は表現できる。このことから，情報の本質は（少なくとも2つの）状態の違いがわかること，すなわち，差異であるといえる。つまり，情報とはモノではなく，関係なのである。

3．デジタル情報処理の特徴

情報を1・0のデジタル符号にして取り扱うことの利点は，情報の劣化が起こらないことだといわれる。しかし，すでに見たように，デジタル化の過程では情報の劣化は生じる。劣化が生じないのは，符号にした後の保存や伝送や処理などの過程である。対照的に，アナログ情報処理では，何かの処理をするたびに情報の劣化が生じ，それが累積していく。

本節では，符号を扱うことでなぜ情報の劣化が起こらないのかを解説する。

（1）信号の劣化を修復できる

　1. で述べたように，私たちが住んでいるのはアナログの世界である。したがって，デジタル符号といえども，現実に伝送したり，計算したりするときには何らかの物理量（信号）で表現する必要がある。ここでは，1・0を電圧の＋aVと－aVとで表現したとしよう。

　今，情報を離れたところに電線で中継しながら送る場合を考える。伝送の途中では，さまざまな原因によって信号に雑音が加わり，図1-7に示すように送り側の波形が受け取り側では歪む。これは予測不可能で

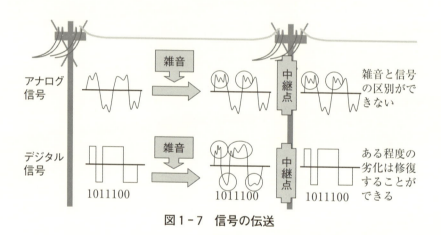

図1-7　信号の伝送

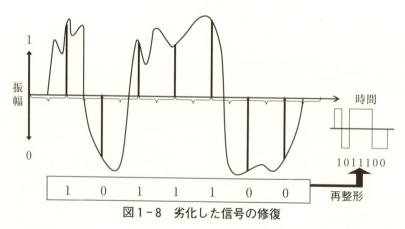

図1-8　劣化した信号の修復

あり，しかも避けることができない。アナログ信号の場合は，雑音で歪んだ波形を元に戻すことは難しく，歪んだまま中継される。その結果，しだいに歪みは累積していく。一方，デジタル信号の場合は，中継点で電圧の波形をいったん符号に戻す操作を行う。図1-8に示すように，波形を一定時間間隔で観測し，電圧が＋の側ならば1，－の側ならば0と判断して，信号を符号に戻す。混入する雑音がよほど大きくなければ誤ることなく元の符号に戻すことができる。次の中継点へ送り出すときには，読み取った符号からまた新たにデジタル信号を作って送る。すると見かけ上，混入した雑音は除去されて中継されることになる。このようにすれば，歪みが累積していくことはないので劣化が生じにくい。

（2）符号の誤りを検出したり，修復したりできる

　デジタル信号伝送において，少々の雑音の混入ならば，正しく元の信号に復元できることはわかった。しかし，雑音が大きくて中継点で読み取りを誤ると，それは訂正できない。こういった場合に備えて，符号に冗長性を持たせて，エラーが生じたかどうかを検出することが可能である。これを誤り検出符号という。その最も簡単な方法は二進数のデータに1ビットを付加し，1の個数が偶数あるいは奇数になるようにするという方法である。このとき，付加される1ビットはパリティビット（parity bit）と呼ばれる。例えば7ビットのデータ1010101の後ろに1の個数が偶数になるようにパリティビットを付加すると10101010となる。この8ビットを伝送して，そのうちの1つのビットがエラーにより反転したら，1の個数が奇数になるので，エラーが起きたことが検出できる。ただし，反転が2つのビットに生じると検出ができないので，エラーが生じる頻度が少ないことが前提となる。

　誤り検出符号では，誤りが生じたことは検出できても，その誤りが何

ビット目に生じたかまではわからない。これに対して，さらに冗長度は増すが，誤りが生じた場合でもそれが訂正できるような符号化の方法もある。それは誤り訂正符号と呼ばれる。例えば，同じデータを単純に3つ連結し（実際にはこのような方法はとられない。実際の方法は第10章で述べる），それを伝送する。受信した符号を，図1-9のように，各桁ごとに多数決をとることにすると，下線のビットに誤りが発生していても，多数決の結果，正しい符号が得られている。同じ桁に誤りが発生してしまうと訂正できないが，誤りが発生する確率が低いならば，たまたま同じ桁に誤りが発生する確率はさらに低い。

図1-9　誤り訂正符号

（3）何度でも送ることができる

　誤り検出符号によってエラーがあることがわかったときには，それを再送してもらうことで情報の紛失が防げる。再送が円滑に行えるように通信の手順があらかじめ厳密に取り決められている。この規約のことをプロトコルという。

　例えば，図1-10の通信例ではデータを送り始める前に，送ってよいかどうかの確認をし，データを1つ送るごとにその受領を確認している。そのため，送り手はデータ2が紛失したことを，その受領確認ができなかったことから検知し，データ2の再送を行っている。また，データ2

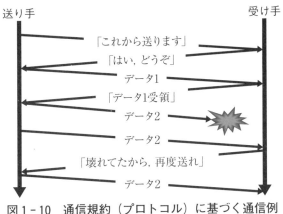

図1-10　通信規約（プロトコル）に基づく通信例

が壊れていたとの報告を受けて，さらにデータ2を再々送している。

　プロトコルでは，どういう順番で，どのようなやり取りを行うかを事細かに定めている。とくに，どのような不測のエラーが生じても，送り手と受け手が互いの信号を待ち続けるような事態（デッドロック）に陥らないように設計されている。

　このように正しいデータが届くまで，繰り返し送ることで，情報の欠落を防ぐことができる。

（4）デジタル情報処理とマルチメディア

　これまで述べたように，デジタル情報処理では，何重にも策を巡らすことによって，雑音や障害から情報の劣化や欠落を防いでいる。このため，コピーや伝送を行っても，品質が変わらない。

　さらに，情報がデジタル化によって1・0のデータに一元化されたことも重要である。アナログの時代には，音はレコードやカセットテープ，映画はフィルム，写真は印画紙など，情報の種類と情報媒体（メディア）

との間には強い結びつきがあった。しかし，デジタル化によって，どの種類の情報も単なるデータファイルとなり，同様の方法で蓄積したり，送信したり，複製したりすることが可能になった。問題となるのは，単純に保存容量と読み書きの速さだけである。

その結果，文字・画像・動画・音などのあらゆる種類の情報が，コンピュータを中軸に，容易に編集したり組み合わせたりできるようになった。これにより，新しいコンテンツが多量に生み出され，それがインターネットで世界中に配信されるようになった。現代のこういう状況を指してマルチメディア時代と呼ばれる。

演習問題

【問題】

音楽をCDからスマートフォンにコピーした。その前と後では，CDとスマートフォンの重さはどう変わるだろうか。下の①〜③の中から正しいものを1つ選べ。ただし，摩耗・汚れの付着・素材の変性などはないものとする。また，分子レベルの誤差は無視する。

① CDは少し軽くなり，スマートフォンは少し重くなる。
② CDは少し軽くなり，スマートフォンは変わらない。
③ CDは変わらないが，スマートフォンは少し重くなる
④ CDもスマートフォンも変わらない。

解答

正解は④。

情報はモノではないので，質量はない。

なお，CDは表面にピットと呼ばれる溝があり，そこにレーザ光を当てて反射してきた光の状態から1・0を読み取る。スマートフォンの内部にはフラッシュメモリーと呼ばれる半導体があり，内部的な電子の蓄積状態の偏りによって状態を記憶している。

2 | 数の符号化

森本容介

《**目標&ポイント**》 位取り記数法の概念を理解する。次に，日常用いられる十進数と，コンピュータと相性のよい二進数や十六進数の間における相互変換の方法を学ぶ。また，整数と小数をコンピュータ上で表現する方法を知る。
《**キーワード**》 位取り記数法，基数変換，二進数，十六進数，数値表現，浮動小数点数

1. 位取り記数法

（1） 十進数・二進数・十六進数

　我々が日常使っている数は十進数である。十進数を表現する方法である十進法では，「0」・「1」・「2」・「3」・「4」・「5」・「6」・「7」・「8」・「9」の10種類の数字の並びを用いる。0から，1，2，3と数を数え上げることを考える。初めのうちは，数字1つで数を表現できる。9まで数え上げると，次は数字1つでは表現できないため，数字の個数（桁）を増やして10とする。11から19まで数え上げると，次は左の数字を1から2に変えて，右の数字を9から0に戻して，20とする。99まで数え上げると，次は数字2つでは表現できないため，数字の個数を3つに増やして100とする。このように，数え上げが進み，それまでの数字の個数で表現できない量になったときには桁を増やす。表2-1のように，桁を1つ増やすことによって，表現できる数の個数が10倍になる。つまり，d桁の十進数では，10^d個の数を表現できる。

表 2-1 十進数の桁数と，表現できる数の個数

桁数	表現できる数の個数
1	0 から 9 の 10(10^1) 個
2	0 から 99 の 100(10^2) 個
3	0 から 999 の 1000(10^3) 個
4	0 から 9999 の 10000(10^4) 個

　十進法では，下位から 2 桁目の数字は 10 の重みをもっている。同様に，3 桁目は $10 \times 10 = 100$，4 桁目は $10 \times 10 \times 10 = 1000$ の重みをもっている。つまり，十進数の下位から k 桁目は，10^{k-1} の重みをもつ[*1]。十進数の「5678」は，上位の桁から順に，10^3 の重みをもった「5」，10^2 の重みをもった「6」，10^1 の重みをもった「7」，10^0 の重みをもった「8」で構成され，

$$5678 = 5 \times 10^3 + 6 \times 10^2 + 7 \times 10^1 + 8 \times 10^0$$

と読むことができる。

　以上を十進法以外に拡張すると，位取り記数法という規則で整理できる。ここまでの説明に使った「十」または「10」を「n」に変えれば，n 進法と n 進数の説明になる。すなわち，n 進法では，n 個の数字[*2]を使って，その並びで数を表現する。上位の桁には，1 つ下位の桁の n 倍の重みを与える。一番下位の桁の重みは 1 である。下位から 2 桁目は n の重み，3 桁目は $n \times n$ の重み，4 桁目は $n \times n \times n$ の重みである。このように，n 進法において下位から k 桁目の数字は，n^{k-1} の重みをもっている。また，d 桁の n 進法では，n^d 個の数を表現できる。

　n 進法における n を基数という。以下，ある数が n 進数であることを明記する場合には，十進数なら $5678_{(10)}$，二進数なら $101_{(2)}$ のように，

[*1] 一番下位の桁の重みは，$10^{1-1} = 10^0 = 1$ である。
[*2] 本章では，十進数に限らず，数を表す記号を「数字」と表記する。

数の後ろに，括弧付きの基数を下付き文字で表記する。

さて，コンピュータの内部では，数は二進数の形式をしている。二進数は，「0」と「1」の2つの数字を使って数を表現する。二進数では，「1」の次に桁が増える。0から数え上げると，

$0 \to 1 \to 10 \to 11 \to 100 \to 101 \to 110 \to 111 \to 1000 \to 1001 \to \cdots$

のようになる。下位から k 桁目は 2^{k-1} の重みをもつため，例えば，

$1101_{(2)} = 1 \times 2^3 + 1 \times 2^2 + 0 \times 2^1 + 1 \times 2^0 = 13_{(10)}$

である。コンピュータが扱うデータの最小単位である「ビット」は，「0」と「1」の2通りの状態を表現できる。コンピュータの内部では，ビットの並びとしてデータを表現するため，二進数と相性がよい。$13_{(10)}$ を二進数で表記すると $1101_{(2)}$ であるが，$13_{(10)}$ はコンピュータ上でも「1101」というビットの並びで表現される[*3]。

コンピュータ内のデータを表記するとき，二進数では桁数が大きくなり，人間にとっては扱いづらい。例えば，$2019_{(10)} = 11111100011_{(2)}$ である。十進数では4桁で表現できるところ，二進数では11桁も必要である。とはいえ，十進数と二進数は直感的には変換や比較ができず，コンピュータ内のデータを十進数で表現するのは不便なことがある。そこで，二進数と相性がよく，人間にとっても扱いやすい十六進数が用いられる。十六進数には，「0」〜「15」を表す16個の数字が必要である。しかし，「10」〜「15」は2桁になってしまい都合が悪い。そこで，「10」〜「15」に，英字の「A」〜「F」を割り当てる。つまり，$A_{(16)} = 10_{(10)}$，$B_{(16)} = 11_{(10)}$，…，$F_{(16)} = 15_{(10)}$ である。「A」〜「F」は小文字でもよい。二進数・十進数・十六進数の対応表を，表2-2に示す。

[*3] 次節で，より正確に説明する。

表2-2　二進数・十進数・十六進数の対応表

二進数	十進数	十六進数	二進数	十進数	十六進数
0	0	0	1101	13	D
1	1	1	1110	14	E
10	2	2	1111	15	F
11	3	3	10000	16	10
100	4	4	10001	17	11
101	5	5	11111	31	1F
110	6	6	100000	32	20
111	7	7	111111	63	3F
1000	8	8	1000000	64	40
1001	9	9	1111111	127	7F
1010	10	A	10000000	128	80
1011	11	B	11111111	255	FF
1100	12	C	100000000	256	100

　二進数と十六進数の相性がよいのは，以下の性質による。二進数を下位の桁から4桁ずつ区切り，それぞれを十六進数に直してつなげると，十六進数に変換できる。$2019_{(10)} = 11111100011_{(2)}$ の例を使って考える。11111100011 を下位の桁から4桁ずつ区切ると，111・1110・0011 である。区切ったそれぞれを十六進数に直すと，$111_{(2)} = 7_{(16)}$，$1110_{(2)} = E_{(16)}$，$0011_{(2)} = 3_{(16)}$ である。これらをつなげることにより，$11111100011_{(2)} = 7E3_{(16)}$ が得られる（図2-1）。逆に，$7E3_{(16)}$ の各桁を4桁の二進数に直してつなげると，二進数に変換できる。このように変換できる理由は次項で説明する。

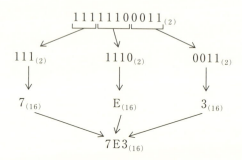

図 2-1　11111100011₍₂₎ を十六進数に変換する手順

　二進数を，4桁ではなく3桁ずつ区切ることによって，八進数が得られる。八進数は，「0」〜「7」の8個の数字を用いる。11111100011₍₂₎ を八進数に変換する手順は，次の通りである。

　　11111100011₍₂₎ → 11₍₂₎・111₍₂₎・100₍₂₎・011₍₂₎ → 3₍₈₎・7₍₈₎・4₍₈₎・3₍₈₎ → 3743₍₈₎

　八進数は，十六進数と違い，日常使っている数字だけで表すことができる利点がある。二進数との相性もよい。ただし，八進数が用いられる場面は限られ，十六進数が用いられることの方が多い。

　なお，「524」を「ごひゃくにじゅうよん」と読むのは，十進数の場合だけである。十進数でない場合（「524₍₈₎」や「524₍₁₆₎」）は，「ご・に・よん」のように読む。同様に，「101₍₂₎」は「ひゃくいち」ではなく「いち・れい・いち」である。

（2）基数変換

　同じ数を，基数を変えて表記する例は，前項でも取り上げた。本項では一般的に，n 進数を十進数に変換する方法と，十進数を n 進数に変換する方法を解説する。また，二進数と十六進数が相性がよい理由を説

明する．

n 進数から十進数への変換

n 進法において下位から k 桁目の数字は，n^{k-1} の重みをもっている．d 桁の n 進数において，下位から k 桁目の数字を X_k とすると，これを十進数に変換するには，以下の計算を十進数で行えばよい．

$$X_d \cdot n^{d-1} + X_{d-1} \cdot n^{d-2} + \cdots + X_2 \cdot n^1 + X_1 \cdot n^0$$

$7E3_{(16)}$ を十進数に変換すると，

$$\begin{aligned}
7E3_{(16)} &= 7_{(16)} \times 16^{3-1} + E_{(16)} \times 16^{2-1} + 3_{(16)} \times 16^{1-1} \\
&= 7 \times 16^2 + 14 \times 16^1 + 3 \times 16^0 \\
&= 1792 + 224 + 3 \\
&= 2019_{(10)}
\end{aligned}$$

となる．

十進数から n 進数への変換

十進数 X の基数を n に変換する手順は，次の通りである．

$$\begin{cases} X \text{ を } n \text{ で割った商を } Q_1, \text{ 余りを } R_1 \text{ とする} \\ Q_1 \text{ を } n \text{ で割った商を } Q_2, \text{ 余りを } R_2 \text{ とする} \\ Q_2 \text{ を } n \text{ で割った商を } Q_3, \text{ 余りを } R_3 \text{ とする} \\ \qquad\qquad\qquad \vdots \end{cases}$$

以上を，商が0になるまで繰り返す．このとき，R_1, R_2, R_3, $\cdots$ を n 進表記し，逆順に並べた数字の列が X の n 進表記である．

特別な例として，十進数の基数を10に変換する手順を考えるとわかりやすい．$5678_{(10)}$ を十進数に変換する例を，図2-2に示す．

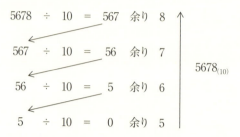

図 2-2　$5678_{(10)}$ を十進数に変換する手順

　5678 を 10 で割ると，商が 567，余りが 8 である。次に 567 を 10 で割ると，商が 56，余りが 7 である。同様に，商が 0 になるまで繰り返すと，割り算で出る余りは，8，7，6，5 となる。これを逆順に並べた 5678 が，$5678_{(10)}$ を十進数に変換した結果である。この手順を式で書くと，次のようになる。

$$
\begin{aligned}
5678_{(10)} &= 567 &&\times 10 + 8 \cdots 1\ \text{回目の割り算} \\
&= (56 \times 10 + 7) &&\times 10 + 8 \cdots 2\ \text{回目の割り算} \\
&= 56 &&\times 10^2 + 7 \times 10 + 8 \\
&= (5 \times 10 + 6) &&\times 10^2 + 7 \times 10 + 8 \cdots 3\ \text{回目の割り算} \\
&= 5 &&\times 10^3 + 6 \times 10^2 + 7 \times 10 + 8 \\
&= (0 \times 10 + 5) &&\times 10^3 + 6 \times 10^2 + 7 \times 10 + 8 \cdots 4\ \text{回目の割り算} \\
&= 0 \times 10^4 &&+ 5 \times 10^3 + 6 \times 10^2 + 7 \times 10^1 + 8 \times 10^0 \\
&= 5678_{(10)}
\end{aligned}
$$

　1 回目の割り算の余りで，一番下の桁を求めたことになる。同様に，2 回目で下から 2 番目の桁を，3 回目で下から 3 番目の桁を求めている。4 回目で下から 4 番目の桁を求めると同時に，5 桁目がないことを確認し，手順を終了している。

一般的な場合に戻り，X を n で割った余りは，n 進表記の一番下の桁である。商の Q_1 を n で割った余りは，下から 2 番目の桁である。$5678_{(10)}$ を十六進数に変換する例を，図 2-3 に示す。各桁（割り算の余り）は，1，6，2，14 である。これらは十進数で表記しているため，十六進数の数字「0」～「F」に変えて，$5678_{(10)} = 162\mathrm{E}_{(16)}$ となる。

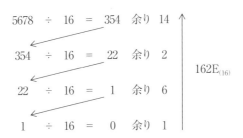

図 2-3　$5678_{(10)}$ を十六進数に変換する手順

二進数と十六進数

十進数を 10，100，1000，…で割ることを考える。5678 を 10 で割ると，商が 567，余りが 8 である。100 で割ると，商が 56，余りが 78 である。1000 で割ると，商が 5，余りが 678 である。つまり，十進数を 10^k で割ると，下から k 桁が余り，残りが商となる。

n 進数の場合も同様で，n 進数を n^k で割ると，下から k 桁が余り，残りが商となる。二進数 $1101_{(2)}$ を 2 で割ると，商が $110_{(2)}$，余りが $1_{(2)}$ である。2^2 で割ると，商が $11_{(2)}$，余りが $1_{(2)}$ である。2^3 で割ると，商が $1_{(2)}$，余りが $101_{(2)}$ である。ここまでを，図 2-4 に示す。

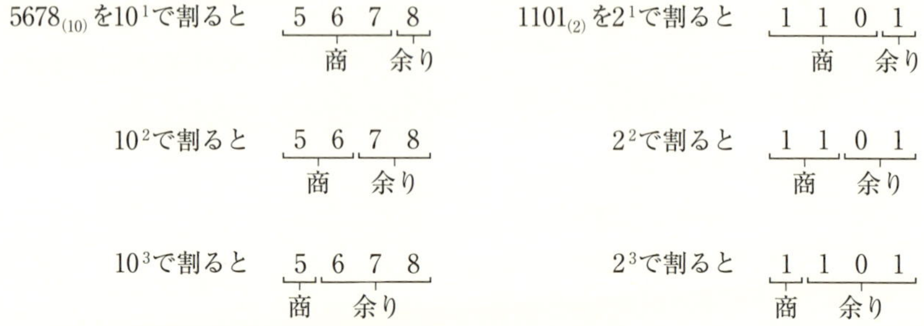

$5678_{(10)}$ を 10^1 で割ると　　5 6 7 | 8
　　　　　　　　　　　　　　　　　商　　余り

$1101_{(2)}$ を 2^1 で割ると　　1 1 0 | 1
　　　　　　　　　　　　　　　商　　余り

10^2 で割ると　　5 6 | 7 8
　　　　　　　　　　商　　余り

2^2 で割ると　　1 1 | 0 1
　　　　　　　　　　商　　余り

10^3 で割ると　　5 | 6 7 8
　　　　　　　　　商　　余り

2^3 で割ると　　1 | 1 0 1
　　　　　　　　　商　　余り

図 2-4　n^k での割り算

　先ほどは，十進数 X を n 進数に変換する手順を説明したが，X は十進数である必要はない[*4]。つまり，ある数を n で割った余りは，n 進表記の 1 桁目である。その商を n で割った余りは，2 桁目である。二進数を十六進数に変換するには，元の二進数を 16 で割っていけばよい。ここで，16 は 2^4 である。つまり二進数を 16 で割ると，下から 4 桁が余り，残りが商となる。その商を 16 で割る場合も同様に，下から 4 桁が余り，残りが商となる。つまり，二進数を十六進数に変換するには，下位の桁から 4 桁ずつ十六進数に変えていけばよい。
　このように，二進数と十六進数の相性がよいのは，16 が 2 の整数乗となっているからである。二進数と八進数の相性がよい理由も同様である。

<u>小数</u>
　十進数の小数では，小数第一位が 10^{-1}，小数第二位が 10^{-2}，…の重みをもっている。例えば，
　　　$56.78 = 5 \times 10^1 + 6 \times 10^0 + 7 \times 10^{-1} + 8 \times 10^{-2}$
である。これは，n 進数にも当てはまる。すなわち，n 進数の小数第 k

[*4]　基数を変えても，それが表現する数自体が変わるわけではない。

位は，n^{-k} の重みをもっている。例えば，
$$10.101_{(2)} = 1 \times 2^1 + 0 \times 2^0 + 1 \times 2^{-1} + 0 \times 2^{-2} + 1 \times 2^{-3} = 2.625_{(10)}$$
$$5.67_{(8)} = 5 \times 8^0 + 6 \times 8^{-1} + 7 \times 8^{-2} = 5.859375_{(10)}$$
である。n 進小数から十進小数に変換するには，このように，各桁に重みを掛けたものを合計すればよい。

十進小数 X の基数を n に変換する手順は，次の通りである。

X を整数部 I と小数部 F に分ける。I は，n 進数 I' に変換する。

$$\begin{cases} F \times n \text{ を行い，その結果を整数部 } i_1 \text{ と小数部 } f_1 \text{ に分ける} \\ f_1 \times n \text{ を行い，その結果を整数部 } i_2 \text{ と小数部 } f_2 \text{ に分ける} \\ f_2 \times n \text{ を行い，その結果を整数部 } i_3 \text{ と小数部 } f_3 \text{ に分ける} \\ \qquad\qquad\qquad\qquad \vdots \end{cases}$$

以上を，小数部が 0 になるまで繰り返す。このとき，求める n 進小数の整数部は I'，小数部は $i_1 i_2 i_3 \cdots$ となる。つまり，$X_{(10)} = I'.i_1 i_2 i_3 \cdots_{(n)}$ である。

この手順で変換できる理由は，本書では省略する。$5.3_{(10)}$ を二進数に変換する例を，図 2-5 に示す。この例でもそうであるように，十進小数の基数を 2 に変換すると，循環小数となることが多い。

なお，ここまでは正の数しか扱ってこなかった。負の数は，先頭に - を付けるだけである。$7E3_{(16)}$ と絶対値が同じ負の数（十進数では -2019）は，$-7E3_{(16)}$ と表記する。二進小数 $10.101_{(2)}$ と絶対値が同じ負の数は，$-10.101_{(2)}$ である。負の数の基数変換は，絶対値が同じ正の数を基数変換した後，先頭に - を付ければよい。

5.3$_{(10)}$ の整数部：5$_{(10)}$ → 101$_{(2)}$

5.3$_{(10)}$ の小数部：0.3$_{(10)}$

						整数部	小数部
0.3	×	2	=	0.6	→	0	0.6
0.6	×	2	=	1.2	→	1	0.2
0.2	×	2	=	0.4	→	0	0.4
0.4	×	2	=	0.8	→	0	0.8
0.8	×	2	=	1.6	→	1	0.6
0.6	×	2	=	1.2	→	1	0.2
0.2	×	2	=	0.4	→	0	0.4
0.4	×	2	=	0.8	→	0	0.8
				⋮		⋮	⋮

以下、繰り返し

5.3$_{(10)}$ = 101.0$\dot{1}$00$\dot{1}$$_{(2)}$

図2-5　5.3$_{(10)}$ を二進数に変換する手順

2．コンピュータ上での数の表現

（1）非負整数（符号なし整数）

　コンピュータ上では，数は二進数で表現される。非負整数を表現するには，二進数の「0」と「1」の2つの数字を，ビットの「0」と「1」に対応させる。つまり，13$_{(10)}$ = 1101$_{(2)}$ は，コンピュータ上でも「1101」というビットの並びで表現される。ただし，1101$_{(2)}$ のように4ビットで足りる数であっても，通常，8ビット（1バイト）の整数倍の領域が用いられる。空いている上位の桁には0を入れる。1101$_{(2)}$ は，非負整数に32ビットを用いる環境では

　　00000000 00000000 00000000 00001101

と表現され，64ビットを用いる環境では，

```
00000000 00000000 00000000 00000000
00000000 00000000 00000000 00001101
```
と表現される。この方法により，非負整数に x ビットを用いる環境では，すべてのビットが 0 のとき最小値の 0 となり，すべてのビットが 1 のとき最大値の 2^x-1 となる。非負整数に用いるビット数と，表現できる数の範囲を，表 2-3 に示す。数の性質（整数や小数など）や数を扱うソフトウェアによって用いるビット数は異なる。一般的には，非負整数に 32 ビットや 64 ビットが用いられる。

表 2-3　非負整数に用いるビット数と表現できる数の範囲

ビット数	表現できる数
8 ビット（1 バイト）	0〜255
16 ビット（2 バイト）	0〜65,535
32 ビット（4 バイト）	0〜4,294,967,295（約 43 億）
64 ビット（8 バイト）	0〜18,446,744,073,709,551,615（約 1845 京）

(2) 符号付き整数

コンピュータで負の数を表現するためには，最上位のビット（Most Significant Bit; MSB）を 1 にする。ここではわかりやすさのため，整数に 8 ビットを用いる環境を例に解説する。最上位のビット（符号ビットと呼ばれる）が 0 なら正，1 なら負である。残りの 7 ビットが大きさを表す。0 と正の整数は，前項で解説した方法で，00000000（0）から01111111（127）まで表現できる。符号ビットを導入しない場合，0 から255 までであるが，符号ビットを導入したことにより，表現できる最大の数が約半分になっている。負の数の大きさを表す方法は何通りか存在

するが,「2の補数」による方法が最も広く使われている。負の数を2の補数で表現するには,絶対値が同じ正の数のビットを反転させ,1を足す。-52を例に説明する。

1. 絶対値が同じ正の数のビット列を求める。
   52のビット列は 00110100
2. 各ビットの0と1を反転する。
   00110100 のビットを反転すると 11001011
3. 1を足す。
   11001011 に1を足すと 11001100

つまり,-52の,2の補数による表現は,11001100である。

絶対値が同じ正負の数のビット列を足し算すると,桁が1つ増え,先頭の桁が1,残りの桁がすべて0となる。例えば,図2-6のように,52のビット列である 00110100 と -52のビット列である 11001100 を足し算すると,100000000 となる*5。8ビットの範囲を超えてしまった最上位のビットを無視すれば,足し算の結果が0となっていることがわかる。

図2-6 ビット列の足し算1

---

*5 こうなることが本来の「2の補数」の定義である。

2の補数を用いれば，ビット列の足し算により，加減算が行える。いくつかの例を，図2-7に示す。一見複雑に見える2の補数は，コンピュータにとっては演算のしやすい表現方法である。

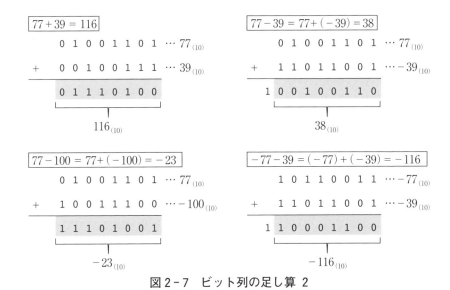

図2-7　ビット列の足し算 2

ここで注意すべきことは，「符号なし整数」とは非負整数のみを表現できる方式であり，「符号付き整数」とは負の数も含めた整数を表現できる方式である。正の数は「符号なし整数」を用いて，負の数は「符号付き整数」を用いるという意味ではない。また，符号なし整数と符号付き整数の「符号」は，正負の記号（＋または－）である。本書のテーマである情報理論の「符号」ではない[*6]。

---

*6　本節では「符号なし整数で符号化」する方法などを解説している。

(3) ビット列とその解釈

8ビットでの符号なし整数と符号付き整数の対応を，表2-4に示す。

表2-4 符号なし整数と符号付き整数の内部表現

内部表現	符号なし整数	符号付き整数(2の補数)
00000000	0	0
00000001	1	1
00000010	2	2
00000011	3	3
⋮	⋮	⋮
01111111	127	127
10000000	128	-128
10000001	129	-127
⋮	⋮	⋮
11111100	252	-4
11111101	253	-3
11111110	254	-2
11111111	255	-1

例えば，「10110001」は，符号なし整数として読むと177，符号付き整数として読むと-79である。また，ISO 8859-1の文字として読むと「±」であり，Shift_JISの文字として読むと「ｱ」である[7]。このように，同じビット列でも，符号なし整数として解釈するか，符号付き整数として解釈するか，または別の種類のデータとして解釈するかで値が異なる。一般に，ビット列自体には，それが整数であるか，文字であるか，

---

[7] ISO 8859-1もShift_JISも，文字コードの1つ。文字コードについては第11章で解説する。

といった意味は与えられていない。ビット列をどう解釈するかは，それを使う側が決める。データを保存する側と，取り出して使う側で，合意がとれていればよい。

（4）小数

コンピュータで小数を表現するときには，浮動小数点数が用いられる。浮動小数点数では，数値を

$$[符号][仮数] \times [基数]^{[指数]}$$

の形式（指数形式）で表現する。10を基数とすると，123.456は$+1.23456 \times 10^2$ であり，-0.000987 は -9.87×10^{-4} である（表2-5）[*8]。

表2-5　指数形式

数	符号	仮数	基数	指数
$123.456 = +1.23456 \times 10^2$	+	1.23456	10	2
$-0.000987 = -9.87 \times 10^{-4}$	-	9.87	10	-4

浮動小数点数を用いると，絶対値が非常に大きい数や，非常に小さい数を表すことができる。コンピュータ上では，基数には2が用いられる。浮動小数点数の内部表現の例を，図2-8に示す。先頭の1ビットが符号ビットであり，残りのビットが指数を格納する部分と仮数を格納する部分に分けられている。基数は2で固定であるため，省略されている。浮動小数点数の内部表現は複雑であるため詳細には触れないが，指数，仮数ともに，対応する値を加工して格納する。

[*8] ここでは，$1 \leq [仮数] < 10$ とした。

$-9.625_{(10)} = -1.001101_{(2)} \times 2^3$ の内部表現の例

図2-8　浮動小数点数の内部表現の例

　コンピュータで小数を扱うときは，精度に関する問題が起こることがある。その代表的な例である丸め誤差を紹介する。前節で見たとおり，十進小数を二進小数に変換すると，循環小数となることが多い。このとき，どこかの桁で端数処理をしなければならないが，端数処理をした後で十進小数に変換しても，元の値には戻らない。例えば，$0.1_{(10)} = 0.0\dot{0}01\dot{1}_{(2)}$ である。小数第10位以下を切り捨て，$0.1_{(10)}$ を $0.000110011_{(2)}$ と基数変換したとすると，これを十進小数に戻しても $0.099609\cdots_{(10)}$ であり，$0.1_{(10)}$ には戻らない。このような「丸め」による誤差を丸め誤差という。

演習問題

【問題】

2.1 A3D$_{(16)}$ を十進数に，5.625$_{(10)}$ を二進数に変換してみよう。

2.2 符号付き整数を 16 ビットで表現する環境で，$-1000_{(10)}$ を表すビット列を求めよう。ただし，2 の補数による表現とする。

解答

2.1 $\text{A3D}_{(16)} = \text{A}_{(16)} \times 16^2 + 3_{(16)} \times 16^1 + \text{D}_{(16)} \times 16^0$
$= 10 \times 16^2 + 3 \times 16^1 + 13 \times 16^0$
$= 2560 + 48 + 13$
$= 2621_{(10)}$

$5_{(10)} = 101_{(2)}$, $0.625_{(10)} = 0.101_{(2)}$ （以下参照）なので，
$5.625_{(10)} = 101.101_{(2)}$

0.625	×	2	=	1.25	→	1	0.25
0.25	×	2	=	0.5	→	0	0.5
0.5	×	2	=	1	→	1	0

2.2 $1000_{(10)}$ のビット列は `0000001111101000`
ビットを反転して `1111110000010111`
1 を足して `1111110000011000` （求めるビット列）

3 | 情報理論のための数学 1
―対数・行列・剰余演算―

森本容介

《**目標&ポイント**》 情報理論の理解には，いくつかの分野の数学が必要である。本章では，対数，行列，剰余演算について学ぶ。
《**キーワード**》 対数，行列，剰余演算

1. 数学で使う記号

x_1, x_2, x_3, $\cdots$, x_n をすべて足すことを式で表せば，$x_1+x_2+x_3+\ldots+x_n$ である。1^2, 2^2, 3^2, $\cdots$, n^2 の場合は，$1^2+2^2+3^2+\ldots+n^2$ である。添字（x_i における i）や数を1ずつ増やして何らかの計算を行い，それらを合計することがしばしば行われる。このような計算は，記号 Σ（シグマ）を用いれば簡単に表記できる。x_1, x_2, x_3, $\cdots$, x_n の和は，

$$\sum_{i=1}^{n} x_i$$

と書ける。i を1から n まで増やしながら，x_i の合計を求めるという意味である。読み方に特に決まりはないが，「シグマ i イコール 1 から n（まで）x_i」などと読まれることが多い。同様に，

$$\sum_{i=1}^{n} i^2 = 1^2+2^2+3^2+\ldots+n^2$$

である。変化させる数を表す文字に i を使う必要はなく，また1から始

まらなくてもよい。例えば，
$$\sum_{j=3}^{6} \frac{x_j}{j+1} = \frac{x_3}{4} + \frac{x_4}{5} + \frac{x_5}{6} + \frac{x_6}{7}$$
である。
$$\sum_{i=1}^{n}(x_i + y_i) = \sum_{i=1}^{n} x_i + \sum_{i=1}^{n} y_i$$
$$\sum_{i=1}^{n} cx_i = c \sum_{i=1}^{n} x_i \quad \text{ただし } c \text{ は定数}$$
であることが容易に確かめられる。Σ の上と下の記述は，文脈から明

表 3-1　Σ の使用例

例	Σ を使った表記例
すべての i についての x_i の合計	$\sum_{i} x_i$
十進整数 D の下位から i 桁目を D_i とするときの D	$\sum_{i}(D_i \times 10^{i-1})$
各人の身長を x とするとき，n 人の身長の平均	$\dfrac{\sum x}{n}$
集合 A のすべての要素を 2 乗したものの合計	$\sum_{x \in A} x^2$
$x_{11}\ \ x_{12}\ \cdots\ x_{1n}$ $x_{21}\ \ x_{22}\ \cdots\ x_{2n}$ $\vdots\ \ \ \vdots\ \ \ddots\ \ \vdots$ $x_{m1}\ \ x_{m2}\ \cdots\ x_{mn}$ をすべて足したもの*1	$\displaystyle\sum_{i=1}^{m}\sum_{j=1}^{n} x_{ij}$ または略記して $\displaystyle\sum_{i,j} x_{ij}$

---

*1　ここでの x_{11} は，2つの添字を持ち，左が「いち」，右が「いち」である。「じゅういち」という添字ではない。本章 **3.** の行列に登場する表記も同様である。

らかなときは略記，または省略されることも多い。そのような使用例を表3-1に示す。

和ではなく積を表すときは，Σ の代わりに Π（パイ）を用いる。Π の使い方は Σ と同じである。例えば，

$$\prod_{i=1}^{n}(x_i - i) = (x_1 - 1) \times (x_2 - 2) \times (x_3 - 3) \times \ldots \times (x_n - n)$$

である。

2．対数

（1）指数と対数

コンピュータの内部では，小数が指数形式で表現されることを第2章で学んだ。指数形式は，非常に大きい数や，0に非常に近い数を表現するときに便利である。$x > 0$, $y > 0$, r と s を任意の実数とすると，次の式が成り立つ。

$$x^{-r} = \left(\frac{1}{x}\right)^r = \frac{1}{x^r} \tag{3.1}$$

$$x^r x^s = x^{r+s} \tag{3.2}$$

$$(x^r)^s = x^{rs} \tag{3.3}$$

$$(xy)^r = x^r y^r \tag{3.4}$$

ここで，$a^b = c$ であるとき，a と c から b を求めることを考える。$a > 0$ かつ $a \neq 1$ とすると，任意の正の実数 c に対して，b が1つ定まる。

$$2^b = 8 \text{ なら } b = 3$$

$$3^b = \frac{1}{9} \text{ なら } b = -2$$

$$\left(\frac{1}{4}\right)^b = 8 \text{ なら } b = -\frac{3}{2}$$

といった具合である。$a^b = c$ であるとき，b を「a を底（てい）とする c の対数」といい，$\log_a c$ と表す。また，c を真数という。前述の例を log を使って書けば，$\log_2 8 = 3$，$\log_3 \dfrac{1}{9} = -2$，$\log_{\frac{1}{4}} 8 = -\dfrac{3}{2}$ である。

（2） 対数の性質

対数は，次のような性質をもつ。a，x，y のいずれも正の実数で，底となる場合は 1 でないとする。

$$\log_a xy = \log_a x + \log_a y \tag{3.5}$$

$$\log_a \frac{y}{x} = \log_a y - \log_a x \tag{3.6}$$

$$\log_a x^y = y \log_a x \tag{3.7}$$

$$\log_x y = \frac{\log_a y}{\log_a x} \tag{3.8}$$

対数の定義より，$a^{\log_a x} = x$ である。これを念頭に置いて，以下，式(3.5)〜(3.8)を確認する。

$$xy = a^{\log_a x} a^{\log_a y} = a^{\log_a x + \log_a y} \quad （式(3.2)を利用）$$

$xy = a^{\log_a x + \log_a y}$ の両辺を，底を a とする対数の真数とすれば[*2]，

$$\log_a xy = \log_a a^{\log_a x + \log_a y} = \log_a x + \log_a y$$

となり，式(3.5)が導かれる。

$$\frac{y}{x} = \frac{a^{\log_a y}}{a^{\log_a x}} = a^{\log_a y} a^{-\log_a x} = a^{\log_a y - \log_a x} \quad （式(3.1)，式(3.2)を利用）$$

よって，$\log_a \dfrac{y}{x} = \log_a a^{\log_a y - \log_a x} = \log_a y - \log_a x$ となり，式(3.6)が導かれる。

$$x^y = (a^{\log_a x})^y = a^{y \log_a x} \quad （式(3.3)を利用）$$

[*2] このような操作を，「対数を取る」などと表現する。

よって，$\log_a x^y = \log_a a^{y \log_a x} = y \log_a x$ となり，式(3.7)が導かれる。
$y = x^{\log_x y}$ より，$\log_a y = \log_a x^{\log_x y} = \log_x y \log_a x$　（式(3.7)を利用）
$x \neq 1$ より，$\log_a x \neq 0$。よって，$\log_x y = \dfrac{\log_a y}{\log_a x}$ となり，式(3.8)が導かれる。

前項で例に挙げた $\log_{\frac{1}{4}} 8$ は，式(3.8)，式(3.6)を使って次のように求められる。

$$\log_{\frac{1}{4}} 8 = \frac{\log_2 8}{\log_2 \frac{1}{4}} = \frac{\log_2 8}{\log_2 1 - \log_2 4} = \frac{3}{0 - 2} = -\frac{3}{2}$$

すべての底に対して成り立つ式を記述するときは，底を省略することも多い。式(3.5)〜(3.8)は，以下のようにより簡潔に書ける。

$$\log xy = \log x + \log y \tag{3.5'}$$

$$\log \frac{y}{x} = \log y - \log x \tag{3.6'}$$

$$\log x^y = y \log x \tag{3.7'}$$

$$\log_x y = \frac{\log y}{\log x} \tag{3.8'}$$

ここで紹介した対数の性質は，1でない任意の正の実数の底に対して成り立つ。しかし実用上は，対数の底として，1より大きい数が使われることが多い。底を10とする対数を常用対数，ネイピア数 e [3] を底とする対数を自然対数という。情報理論で用いる対数の底は，通常2である。文脈から明らかであるときは，対数の底を省略することも多い。つまり，本書を含む情報理論に関する記述では，$\log 8 = 3$ である。

図3-1に，$y = \log_2 x$，$y = \log_e x$，$y = \log_{10} x$ のグラフを示す。底によらず，定義域（x の取り得る値）は $x > 0$ で，$x = 1$ のとき $y = 0$ であ

---

[3] e は，2.71828… と続く無理数である。数学において重要な定数であるが，本書では説明を省略する。

る。また，底が1より大きいとき，x が大きくなるにしたがって y も大きくなる。この性質は後で使うため，一般化して以下に示す[*4]。

$a > 1$ のとき，$0 < x \leq y$ なら $\log_a x \leq \log_a y$
等号成立は $x = y$ のときのみ

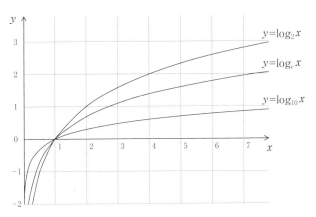

図3-1 $y = \log x$ のグラフ

(3) 常用対数を使った計算

常用対数を計算するために，表3-2のような常用対数表が準備されている。この表には，1.00から9.99までの真数に対する常用対数が記載されている。一番左の列（行見出し）が真数の小数第1位まで，一番上の行（列見出し）が真数の小数第2位である。例えば，$\log_{10} 1.35$ は，1.3の行，5の列を見て，約 0.1303 とわかる[*5]。

[*4] 以下の x と y は，$y = \log x$ で使った文字とは意味が異なるので注意。
[*5] この常用対数表では，整数部の0を省略している。また，この表の範囲では，真数が1.00のとき以外はいずれも無理数であり，小数第5位以下を丸めている。

表 3-2 常用対数表

	0	1	2	3	4	5	6	7	8	9
1.0	.0000	.0043	.0086	.0128	.0170	.0212	.0253	.0294	.0334	.0374
1.1	.0414	.0453	.0492	.0531	.0569	.0607	.0645	.0682	.0719	.0755
1.2	.0792	.0828	.0864	.0899	.0934	.0969	.1004	.1038	.1072	.1106
1.3	.1139	.1173	.1206	.1239	.1271	.1303	.1335	.1367	.1399	.1430
⋮	⋮	⋮	⋮	⋮	⋮	⋮	⋮	⋮	⋮	⋮
2.0	.3010	.3032	.3054	.3075	.3096	.3118	.3139	.3160	.3181	.3201
2.1	.3222	.3243	.3263	.3284	.3304	.3324	.3345	.3365	.3385	.3404
⋮	⋮	⋮	⋮	⋮	⋮	⋮	⋮	⋮	⋮	⋮
3.0	.4771	.4786	.4800	.4814	.4829	.4843	.4857	.4871	.4886	.4900
⋮	⋮	⋮	⋮	⋮	⋮	⋮	⋮	⋮	⋮	⋮
9.8	.9912	.9917	.9921	.9926	.9930	.9934	.9939	.9943	.9948	.9952
9.9	.9956	.9961	.9965	.9969	.9974	.9978	.9983	.9987	.9991	.9996

1 未満や 10 以上の数の常用対数は，式(3.5)などを使うことにより求められる。例えば，

$$\log_{10} 0.307 = \log_{10}(3.07 \times 10^{-1}) = \log_{10} 3.07 + \log_{10} 10^{-1}$$
$$= 0.4871 + (-1) = -0.5129$$
$$\log_{10} 122 = \log_{10}(1.22 \times 10^2) = \log_{10} 1.22 + \log_{10} 10^2 = 0.0864 + 2$$
$$= 2.0864$$

である。

式(3.8)を使えば，任意の底の対数を，常用対数の式に変形できる。例えば，$\log_2 125$ は，

$$\log_2 125 = \frac{\log_{10} 125}{\log_{10} 2} = \frac{\log_{10} 1.25 + \log_{10} 10^2}{\log_{10} 2}$$

と変形でき，常用対数表を使って近似値が求められる。Windows 10 の「電卓」アプリには，常用対数を求める機能が備わっている（図 3 - 2）。この機能だけで，任意の底の対数を計算することができる。

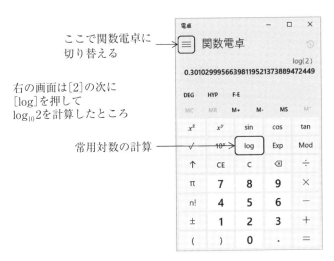

図 3 - 2　Windows 10 の「電卓」アプリ

（4）正の整数の桁数

常用対数を用いれば，正の整数の桁数が求められる。

x を 1 桁の正の整数とすると，$10^0 \leq x < 10^1$

x を 2 桁の正の整数とすると，$10^1 \leq x < 10^2$

一般化して，x を n 桁の正の整数とすると，
$$10^{n-1} \leq x < 10^n \tag{3.9}$$
である。式(3.9)より，$n - 1 \leq \log_{10} x < n$ である[*6]から，x の桁数は

[*6]　本節（2）の最後に示した性質を使っている。

$\lfloor \log_{10} x \rfloor + 1 (= n)$ である。ただし，$\lfloor a \rfloor$ は，a 以下の最大の整数，つまり a の切り捨てを表す。関数電卓を使って計算すると，$\log_{10} 123456 = 5.0915\cdots$ である。よって，123456 の桁数は，$\lfloor 5.0915\cdots \rfloor + 1 = 6$ 桁である。この例では最初から桁数がわかっていたが，常用対数を使った桁数の計算は，次のような場合に有用である。$\log_{10} 3 = 0.4771$ を用いて，3^{25} の桁数を求める。$\lfloor \log_{10} 3^{25} \rfloor + 1 = \lfloor 25 \log_{10} 3 \rfloor + 1 = \lfloor 11.9275 \rfloor + 1 = 11 + 1 = 12$，よって 3^{25} は 12 桁の整数である。この例では，3^{25} を直接計算せずに，桁数を求めることができた。

2 を底とする対数を用いれば，二進表記した正の整数の桁数を求められる。上と同様の考え方により，正の整数 x を二進表記したときの桁数は $\lfloor \log_2 x \rfloor + 1$ である。

3. 行列

(1) 行列の定義

$\begin{matrix} 1 & 4 & 2 \\ 3 & 5 & 3 \end{matrix}$ や $\begin{matrix} 2 & 5 & 0 \\ 3 & 0 & 1 \\ 1 & 2 & 4 \end{matrix}$ のように，数[*7]を長方形に並べたものを行列という。本書では，$\begin{pmatrix} 1 & 4 & 2 \\ 3 & 5 & 3 \end{pmatrix}$ のように，行列の全体を括弧で囲む。行列の横の並びを行，縦の並びを列，行列内の 1 つ 1 つの数を成分という。行を番号で区別するとき，上から順に第 1 行，第 2 行，…とする。列は左から順に，第 1 列，第 2 列，…とする。第 i 行，第 j 列にある成分を，(i,j) 成分という。1 行からなる行列を行ベクトル，1 列からなる行列を列ベクトルという。

[*7] 数を表す文字や式でもよい。

行列 $A = \begin{pmatrix} 1 & 4 & 2 \\ 3 & 5 & 3 \end{pmatrix}$ とすると，A は 2 行 3 列の行列である。第 1 行は $(1 \ 4 \ 2)$ であり，第 2 列は $\begin{pmatrix} 4 \\ 5 \end{pmatrix}$ である。また，$(1,2)$ 成分は 4，$(2,3)$ 成分は 3 である。

m 行 n 列の行列 X に対して，X の (i,j) 成分を (j,i) 成分とする n 行 m 列の行列を考えることができる。この行列を，X の転置行列といい，X^T で表す。より感覚的には，行列 X の行と列を入れ替えた行列が，転置行列 X^T である。行列 X の (i,j) 成分を x_{ij} とすると，

$$X = \begin{pmatrix} x_{11} & x_{12} & \cdots & x_{1n} \\ x_{21} & x_{22} & \cdots & x_{2n} \\ \vdots & \vdots & \ddots & \vdots \\ x_{m1} & x_{m2} & \cdots & x_{mn} \end{pmatrix} \quad X^T = \begin{pmatrix} x_{11} & x_{21} & \cdots & x_{m1} \\ x_{12} & x_{22} & \cdots & x_{m2} \\ \vdots & \vdots & \ddots & \vdots \\ x_{1n} & x_{2n} & \cdots & x_{mn} \end{pmatrix}$$

である。転置を 2 回行うと元の行列に戻る。つまり，$(X^T)^T = X$ である。

（2）行列の演算

行の数と列の数がともに同じ 2 つの行列に対して，和と差が定義されている。m 行 n 列の行列 X と行列 Y の和 $X+Y$ の結果も m 行 n 列の行列で，その成分は，X と Y の対応する成分の和である。差 $X-Y$ の結果も m 行 n 列の行列で，その成分は，X の対応する成分から Y の対応する成分を引いた値である。

$$X = \begin{pmatrix} x_{11} & x_{12} \\ x_{21} & x_{22} \end{pmatrix}, \ Y = \begin{pmatrix} y_{11} & y_{12} \\ y_{21} & y_{22} \end{pmatrix} \text{ とすると，}$$

$$X+Y = \begin{pmatrix} x_{11}+y_{11} & x_{12}+y_{12} \\ x_{21}+y_{21} & x_{22}+y_{22} \end{pmatrix}, \ X-Y \begin{pmatrix} x_{11}-y_{11} & x_{12}-y_{12} \\ x_{21}-y_{21} & x_{22}-y_{22} \end{pmatrix} \text{ である。}$$

k を実数とするとき，行列 X のスカラー倍 kX を，X の各成分を k 倍する演算と定める．

$X = \begin{pmatrix} x_{11} & x_{12} \\ x_{21} & x_{22} \end{pmatrix}$ のとき，$kX = \begin{pmatrix} kx_{11} & kx_{12} \\ kx_{21} & kx_{22} \end{pmatrix}$ である．

行列 X と行列 Y の積 XY は，X の列数と Y の行数が等しいときに定義される．X が l 行 m 列で (i,j) 成分が x_{ij}，Y が m 行 n 列で (i,j) 成分が y_{ij} とする．XY は，l 行 n 列で，その (i,j) 成分は，$\sum_{k=1}^{m} x_{ik} y_{kj}$ である．

$$X = \begin{pmatrix} x_{11} & x_{12} & \cdots & x_{1m} \\ x_{21} & x_{22} & \cdots & x_{2m} \\ \vdots & \vdots & \ddots & \vdots \\ x_{l1} & x_{l2} & \cdots & x_{lm} \end{pmatrix}, \quad Y = \begin{pmatrix} y_{11} & y_{12} & \cdots & y_{1n} \\ y_{21} & y_{22} & \cdots & y_{2n} \\ \vdots & \vdots & \ddots & \vdots \\ y_{m1} & y_{m2} & \cdots & y_{mn} \end{pmatrix}$$ とすると，

$$XY = \begin{pmatrix} \sum_{k=1}^{m} x_{1k} y_{k1} & \sum_{k=1}^{m} x_{1k} y_{k2} & \cdots & \sum_{k=1}^{m} x_{1k} y_{kn} \\ \sum_{k=1}^{m} x_{2k} y_{k1} & \sum_{k=1}^{m} x_{2k} y_{k2} & \cdots & \sum_{k=1}^{m} x_{2k} y_{kn} \\ \vdots & \vdots & \ddots & \vdots \\ \sum_{k=1}^{m} x_{lk} y_{k1} & \sum_{k=1}^{m} x_{lk} y_{k2} & \cdots & \sum_{k=1}^{m} x_{lk} y_{kn} \end{pmatrix}$$ である．

このように式で書くと難しく感じるが，XY の (i,j) 成分は，「X の第 i 行の行ベクトル」と「Y の第 j 列の列ベクトル」の内積である（図 3-3）．

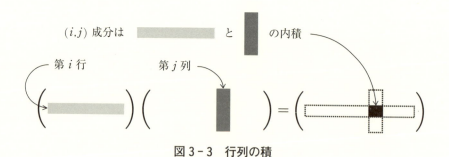

図 3-3　行列の積

X の列数と Y の行数が異なるとき，XY は定義されない。XY が計算できるとしても，YX が計算できるとは限らない。また，数の積と異なり，$XY = YX$ が成り立つとは限らない[*8]。いくつかの例を示す。

$X = \begin{pmatrix} 2 & 3 \\ 5 & 1 \\ 4 & 2 \end{pmatrix}$, $Y = \begin{pmatrix} 4 & 0 \\ 3 & 6 \end{pmatrix}$ のとき，$XY = \begin{pmatrix} 2 \times 4 + 3 \times 3 & 2 \times 0 + 3 \times 6 \\ 5 \times 4 + 1 \times 3 & 5 \times 0 + 1 \times 6 \\ 4 \times 4 + 2 \times 3 & 4 \times 0 + 2 \times 6 \end{pmatrix} =$

$\begin{pmatrix} 17 & 18 \\ 23 & 6 \\ 22 & 12 \end{pmatrix}$ である。YX は計算できない。

$X = \begin{pmatrix} 1 & -5 \\ 4 & 1 \\ 4 & 3 \end{pmatrix}$, $Y = \begin{pmatrix} 3 & -2 & 2 \\ 4 & 1 & -3 \end{pmatrix}$ のとき，$XY = \begin{pmatrix} -17 & -7 & 17 \\ 16 & -7 & 5 \\ 24 & -5 & -1 \end{pmatrix}$,

$YX = \begin{pmatrix} 3 & -11 \\ -4 & -28 \end{pmatrix}$ である。XY と YX は，行数，列数が異なる。

$X = \begin{pmatrix} 1 & 2 \\ 4 & 3 \end{pmatrix}$, $Y = \begin{pmatrix} -2 & 5 \\ 1 & 1 \end{pmatrix}$ のとき，$XY = \begin{pmatrix} 0 & 7 \\ -5 & 23 \end{pmatrix}$, $YX = \begin{pmatrix} 18 & 11 \\ 5 & 5 \end{pmatrix}$ である。$XY \neq YX$ である。

$X = \begin{pmatrix} 1 & 2 \\ 4 & 3 \end{pmatrix}$, $Y = \begin{pmatrix} 3 & 2 \\ 4 & 5 \end{pmatrix}$ のとき，$XY = \begin{pmatrix} 11 & 12 \\ 24 & 23 \end{pmatrix}$, $YX = \begin{pmatrix} 11 & 12 \\ 24 & 23 \end{pmatrix}$ である。$XY = YX$ である。

なお，行ベクトルは，成分をカンマで区切って，$(x_1, x_2, x_3, ..., x_n)$ のように書く場合もある。カンマの有無はただの書式の違いと考えてよい。

[*8] 成り立たないことの方が多い。

行ベクトル$x = (1,2,3)$，行列$X = \begin{pmatrix} 1 & 4 \\ 2 & 5 \\ 3 & 6 \end{pmatrix}$と書かれていたとしても，$xX = (14 \quad 32)$または$(14, 32)$である。この例のように，行ベクトル，列ベクトルを表す文字は太字にすることが多い。

行列自体は，単に数を並べただけのものであり，演算もそうすると決めたに過ぎない。特に積は直感的ではないかもしれないが，このように定義すると都合がよいことが多い。本書の範囲では計算方法だけ理解していればよいが，より本質的には線形代数学などを学習する必要がある。

4. 剰余演算

整数同士の割り算をして，商と余りを求めることを考える。本書の範囲では，割られる数を整数，割る数を正の整数とする。xを整数，nを正の整数とするとき，xをnで割った商がq，余りがrであれば，

$$x \div n = q \cdots r$$

と書ける。このとき，

$$x = n \times q + r$$

が成り立っている。xの正負にかかわらず$0 \leq r < n$と定めると，任意のxとnに対してqとrが一意に定まる。例を表3-3に示す。

表3-3 余りを出す割り算の例

x	n	q	r	式
13	5	2	3	$13 \div 5 = 2 \cdots 3$
15	3	5	0	$15 \div 3 = 5 \cdots 0$
-2	7	-1	5	$-2 \div 7 = -1 \cdots 5$

さて，応用分野によっては，割り算をした商を無視して，余りだけに着目することがある。余りを表す記法として，x を n で割った余りを，$x \bmod n$ と書く。表3-3の割り算を例にすると，$13 \bmod 5 = 3$，$15 \bmod 3 = 0$，$-2 \bmod 7 = 5$ と書ける。上で決めた余りの定義より，$0 \leq x \bmod n < n$ である。また，$x \bmod n = r$ のとき，$(x-r) \bmod n = 0$ である。言い換えると，n は $x-r$ の約数になっている。

整数同士の加算，減算，乗算を行い，最後に n で割った余りを求めるとき，計算途中の数 x を $x \bmod n$ に置き換えても結果は変わらない。例えば，x と y を整数，n と k を正の整数とすると，

$$(x+y) \bmod n = \{(x \bmod n) + y\} \bmod n$$
$$= \{x + (y \bmod n)\} \bmod n$$
$$= \{(x \bmod n) + (y \bmod n)\} \bmod n$$
$$x^k \bmod n = (x \bmod n)^k \bmod n$$

などが成り立つ。この性質を使えば，余りを求める計算が簡単に行えることがある。

割る数は「法」とも呼ばれ，演算の最後に n で割った余りを求めることを「n を法とする演算」と呼ぶ。n を法とする演算であることを示すために，$x \bmod n = r$ を

$$x = r \,(\bmod\ n)$$

と書くことがある。以下に例を示す。

$$13 = 3 \,(\bmod\ 5)$$
$$5 - 7 = 4 \,(\bmod\ 6)$$
$$5 \times 6 = 2 \,(\bmod\ 7)$$

0 と 1 に対して，2 を法とする加算を行うと，

$$0+0 = 0 \pmod{2}$$
$$0+1 = 1 \pmod{2}$$
$$1+0 = 1 \pmod{2}$$
$$1+1 = 0 \pmod{2}$$

となる。これを排他的論理和という。排他的論理和の演算子として⊕を用いると，$0 \oplus 0 = 0$，$0 \oplus 1 = 1$，$1 \oplus 0 = 1$，$1 \oplus 1 = 0$である。0または1に対して，0または1との排他的論理和を2回行うと，元の数に戻る（表3-4）。

表3-4 排他的論理和

	1回目	2回目	結果
0に対して0との排他的論理和	$0 \oplus 0 = 0$	$0 \oplus 0 = 0$	0から変化なし
0に対して1との排他的論理和	$0 \oplus 1 = 1$	$1 \oplus 1 = 0$	0に戻る
1に対して0との排他的論理和	$1 \oplus 0 = 1$	$1 \oplus 0 = 1$	1から変化なし
1に対して1との排他的論理和	$1 \oplus 1 = 0$	$0 \oplus 1 = 1$	1に戻る

この性質を使って，簡単な暗号を作ることができる。正の整数xとkを選ぶ。xとkを二進数で表記し，同じ桁同士の排他的論理和を求め，その数をcとする。この演算を表す演算子を ^ とすると，$x \wedge k = c$である。排他的論理和を2回行うと元に戻るため，$c \wedge k = x$である。ここで，xを秘密の数，kを秘密の鍵とするとcが暗号化した結果（暗号文という）となる。cを知っても，xを知ることはできない。ただし，kを知っていれば，xを復元（復号という）することができる。具体的な数を使って考える。AさんとBさんは

$$秘密の鍵 k = 177_{(10)} = 10110001_{(2)}$$

を共有している。AさんはBさんに

$$\text{秘密の数 } x = 203_{(10)} = 11001011_{(2)}$$

を伝えたい。Aさんは

$$c = x \wedge k = 11001011_{(2)} \wedge 10110001_{(2)} = 01111010_{(2)} = 122_{(10)}$$

を計算し，暗号文を得る（図3-4）。AさんはBさんに $c = 122$ を伝える。Bさんは k を使って c を x に戻す。これは次の式で行われる。

$$x = c \wedge k = 01111010_{(2)} \wedge 10110001_{(2)} = 11001011_{(2)} = 203_{(10)}$$

Bさんは秘密の鍵 k を知っているので，c から x を復号できた。k を知らない人に c だけが漏れても，x が知られることはない。

$$
\begin{array}{rcccccccc}
x = & 1 & 1 & 0 & 0 & 1 & 0 & 1 & 1 \\
& \oplus & \oplus & \oplus & \oplus & \oplus & \oplus & \oplus & \oplus \\
k = & 1 & 0 & 1 & 1 & 0 & 0 & 0 & 1 \\
& \downarrow & \downarrow & \downarrow & \downarrow & \downarrow & \downarrow & \downarrow & \downarrow \\
x \wedge k = & 0 & 1 & 1 & 1 & 1 & 0 & 1 & 0 \\
\end{array}
$$

図 3-4 $x \wedge k$ の計算

暗号については第15章でより詳しく扱う。

演習問題

【問題】

3.1 次の計算をせよ。

① $\sum_{i=1}^{3} i(i^2+1)$

② $\sum_{x=1}^{3}\sum_{y=3}^{4} xy$

3.2 次の計算をせよ。

① $\dfrac{2^{\frac{1}{2}}}{2^{-\frac{3}{2}}}$

② $2^{\frac{2}{3}} \times 3^{\frac{5}{3}} \times 6^{\frac{1}{3}}$

3.3 表3-1の常用対数表を用いて,次の計算をせよ。

① $\log_{10} 218$

② $\log_{10} 0.003$

③ $\log_{10} 1.5$ (本来は常用対数表に記載されているが,ここでは表3-1に記載された値だけから計算せよ)

④ $\log_{2} 0.3$ (logを含まない式に変形するだけでよい)

3.4 お金を年利5％で預けたとき,元利合計が元の金額の10倍になるのは何年後かを,logを使った式で表せ。ただし,x以上の最小の整数,つまりxの切り上げを$\lceil x \rceil$と表す。

解答

3.1 ① $\displaystyle\sum_{i=1}^{3} i(i^2+1) = 1(1^2+1) + 2(2^2+1) + 3(3^2+1)$
$= 2 + 10 + 30 = 42$

② $\displaystyle\sum_{x=1}^{3}\sum_{y=3}^{4} xy = 1\cdot3 + 1\cdot4 + 2\cdot3 + 2\cdot4 + 3\cdot3 + 3\cdot4$
$= 3 + 4 + 6 + 8 + 9 + 12 = 42$

3.2 ① $\dfrac{2^{\frac{1}{2}}}{2^{-\frac{3}{2}}} = 2^{\frac{1}{2}+\frac{3}{2}} = 2^2 = 4$

② $2^{\frac{2}{3}} \times 3^{\frac{5}{3}} \times 6^{\frac{1}{3}} = 2^{\frac{2}{3}} \times 3^{\frac{5}{3}} \times (2\times3)^{\frac{1}{3}}$
$= 2^{\frac{2}{3}} \times 3^{\frac{5}{3}} \times 2^{\frac{1}{3}} \times 3^{\frac{1}{3}} = 2^1 \times 3^2 = 18$

3.3 ① $\log_{10} 218 = \log_{10}(2.18 \times 10^2) = \log_{10} 2.18 + \log_{10} 10^2$
$= 0.3385 + 2 = 2.3385$

② $\log_{10} 0.003 = \log_{10}(3 \times 10^{-3}) = \log_{10} 3 + \log_{10} 10^{-3}$
$= 0.4771 - 3 = -2.5229$

③ $\log_{10} 1.5 = \log_{10} \dfrac{3}{2} = \log_{10} 3 - \log_{10} 2$
$= 0.4771 - 0.3010 = 0.1761$

④ $\log_2 0.3 = \dfrac{\log_{10} 0.3}{\log_{10} 2} = \dfrac{0.4771 - 1}{0.3010} (\fallingdotseq -1.737)$

3.4 元金 x 円を 1 年預けると $x \times 1.05$ 円,2 年預けると $(x \times 1.05) \times 1.05 = x \times 1.05^2$ 円,n 年預けると $x \times 1.05^n$ 円となる。$x \times 1.05^n \geq 10x$ となる最小の n を求めればよい。x を消して両辺の常用対数を取ると,$\log_{10} 1.05^n = n \log_{10} 1.05 \geq \log_{10} 10 = 1$。求める値は,$n \geq \dfrac{1}{\log_{10} 1.05}$ を満たす最小の n なので,$\left\lceil \dfrac{1}{\log_{10} 1.05} \right\rceil$。なお,表 3-1 の常用対数表を使って計算すると,48 年後となる。

4 | 情報理論のための数学2
―確率論の基礎―

森本容介

《目標&ポイント》 情報理論は，確率の理論の上に成り立っているといっても過言ではない。本章では，以降の章の理解に必要となる確率の基礎を学ぶ。まず，起こりうる場合の数を数え上げる方法と，確率の計算方法を学ぶ。次に，確率分布の考え方と，マルコフ過程の定義を理解する。
《キーワード》 順列，組合せ，確率，条件付き確率，確率分布，二項分布，マルコフ過程

1. 場合の数

（1）場合の数

いくつかの物を順番に並べたり，全体の中からいくつかを選んだりするとき，それらが全部で何通りあるかを数え上げることができる。このとき，その総数を場合の数という。例を3つ考える。

例1：紙幣のみで6,000円を支払う場合の数

千円札，二千円札，五千円札のみで，6,000円を支払う場合の数は，図4-1に示すように，全部で5通りである。

5000	1000
2000	2000	2000
2000	2000	1000	1000
2000	1000	1000	1000	1000
1000	1000	1000	1000	1000	1000

図4-1　紙幣のみで6,000円を支払う場合の数

例2：交通経路の場合の数

図4-2で，同じ地点を複数回通らずに，A地点からE地点へ行く経路が何通りあるかを考える。

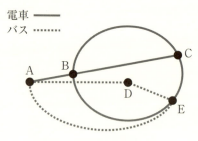

図4-2　交通経路の例

電車を使う場合は，図4-3の左に示したように3通りある。バスを使う場合は，図4-3の右に示したように2通りある。よって，すべての経路は，3+2=5通りである。

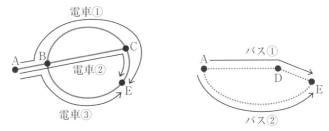

図4-3　電車を使う経路（左）とバスを使う経路（右）

例3：服の組み合わせの場合の数

赤・緑・白の3枚のシャツと，黒・青の2本のズボンを持っているとき，これらを組み合わせて着る場合の数を考える。図4-4のように，すべての組み合わせを書き出せば，全部で6通りあることがわかる。または，シャツが3通りでズボンが2通りなので，これらを掛けて $3 \times 2 = 6$ 通り，と求めることもできる。

図4-4　服の組み合わせの場合の数

数が少ないうちは，図4-1や図4-4のようにすべての場合を書き出すことにより，場合の数を求められる。しかし，数が多くなってくるとこの方法は現実的ではなく，計算によって求める必要が出てくる。上の

例でも，交通経路の場合の数は，電車の経路とバスの経路を別々に求めて足した。服の組み合わせの場合の数は，シャツの数とズボンの数を掛けた。次項では，場合の数を計算で求めるために基本となる順列と組合せについて解説する。

（2）順列

　A, B, C, D, Eの5つの文字を順番に並べることを考える。まず，最初の文字はA, B, C, D, Eのどれでもよいので5通りである。2番目の文字は，最初に使った文字以外の4文字からいずれか1文字となる。最初の文字がAであれば，B, C, D, Eの4文字，最初の文字がBであれば，A, C, D, Eの4文字である。最初の5通りの文字のそれぞれに対して，2番目の文字が4通りあるため，2番目の文字までで5×4通りの並べ方がある（図4-5）。同様に，3番目の文字は，2番目の文字までの5×4通りのそれぞれに対して3通りあるため，3番目の文字までで5×4×3通りである。最終的に，求める場合の数は，5×4×3×2×1 = 120となる（図4-6）。図4-5，図4-6のような図を樹形図という。

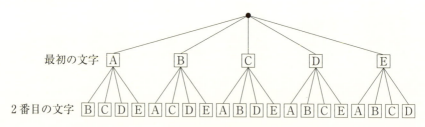

図4-5　2番目の文字までの並べ方

第 4 章　情報理論のための数学 2 | **65**

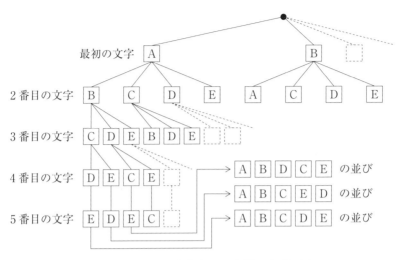

図 4-6　5 つの文字すべてを使った並べ方

一般的に，n 個の異なるものを順番に並べる場合の数は，
$$n \times (n-1) \times (n-2) \times \ldots \times 2 \times 1 = n!$$
である。$n!$ は，「n の階乗」と読み，自然数 n に対して，1 から n までのすべての自然数の積を表す[*1]。ただし，$0! = 1$ と定義される。

次に，A，B，C，D，E の 5 つの文字から 3 文字を選んで，それらを順番に並べる場合の数を考える。これは，上記の計算を 3 番目の文字までで打ち切ればよいので，$5 \times 4 \times 3 = 60$ である。ここで，n 個の異なるものの中から r 個を選んで，それらを順番に並べる場合の数を $_n\mathrm{P}_r$ と表す。つまり，

$$\begin{aligned}
_n\mathrm{P}_r &= n(n-1)(n-2)\ldots(n-r+1) \\
&= \frac{n(n-1)(n-2)\ldots(n-r+1)(n-r)(n-r-1)\ldots\cdot 2 \cdot 1}{(n-r)(n-r-1)\ldots\cdot 2 \cdot 1} \\
&= \frac{n!}{(n-r)!}
\end{aligned}$$

[*1]　第 3 章 **1.** で紹介した記号を使えば，$n! = \prod_{i=1}^{n} i$ である。

である。ここまでの例のように全体の中からいくつかを選んで順番に並べたものを，順列という。5つの文字をすべて使う順列の総数は $_5\mathrm{P}_5 = 120$，5つの文字から3文字を使う順列の総数は $_5\mathrm{P}_3 = 60$ である。

（3）組合せ

　A，B，C，D，E の 5 つの文字から 3 文字を選ぶが，その並びは考慮しない場合の数を考える。すべての組み合わせを列挙すると，(A・B・C)，(A・B・D)，(A・B・E)，(A・C・D)，(A・C・E)，(A・D・E)，(B・C・D)，(B・C・E)，(B・D・E)，(C・D・E) の 10 通りである。これを計算によって求めるには，次のように考えればよい。まず，並び順を考慮した場合の数，つまり順列の総数は，$_5\mathrm{P}_3$ である。この $_5\mathrm{P}_3$ の中には，1 組の文字群に対して，並び順が違うものが 3! 回（$_3\mathrm{P}_3$ 回）数え上げられている。例えば，(A・B・C) の組に対して，ABC，ACB，BCA，BAC，CAB，CBA の 6 通りが数え上げられている。この 6 通りは，並び順を考慮しないとき，同じと見なせる。すべての組について，並び順だけが違うものが 3! 回数え上げられているので，並び順を考慮しないときの場合の数は，$_5\mathrm{P}_3 \div (3!) = 10$ である。n 個の異なるものの中から r 個を選ぶ場合の数を $_n\mathrm{C}_r$ と表す。つまり，

$$_n\mathrm{C}_r = \frac{_n\mathrm{P}_r}{r!} = \frac{n!}{(n-r)!\,r!}$$

である。このように全体の中から並び順を考慮せずにいくつかを選んだものを，組合せという*2。

（4）重複を許した並べ方と選び方

　A，B，C，D，E の 5 種類の文字を使った順列と組合せで，それぞ

---

*2　本章では，順列に対して並び順を考慮しないものを「組合せ」，それ以外の名詞や動詞は「組み合わせ」と表記する。

れの文字を複数回使える場合を考える。

まず，5種類の文字を，重複を許して3つ並べる場合の数は，$5 \times 5 \times 5 = 5^3 = 125$ である。一般的に，n 種類の異なるものを，重複を許して r 個順番に並べる場合の数は，n^r である。重複を許す場合も「順列」と呼ばれることがあるが，${}_n\mathrm{P}_r$ は重複のない順列のみに用いる。

次に，5種類の文字から重複を許して3文字を選ぶ場合の数は，以下のように考えればよい。図4-7に示すように，縦棒で区切られた A, B, C, D, E の領域に○を3つ入れる。先頭行は○が B に1つと D に2つ入れられている。このとき，B・D・D を選んだと考える。同様に，2行目は A・C・D，3行目は B・E・E である。ここで，○の入れ方を数え上げれば，求める場合の数となる。そのため，図4-8のような7つの箱に縦棒（｜）を4本，○を3つ入れることを考える。このとき，1番左の縦棒の左側にある○の数を A の数，1番目と2番目の縦棒の間にある○の数を B の数，…，4番目（1番右）の縦棒の右にある○の数を E の数，とする。図4-8の例は，A が0個，B が1個，C が0個，D が2個，E が0個なので，B・D・D を表している。ここで，図4-7の選び方による場合の数と，図4-8の選び方による場合の数は，同じである。つまり，5種類の文字から重複を許して3文字を選ぶ場合の数は，7つの箱に縦棒を4つと○を3つ入れる場合の数と同じである。縦

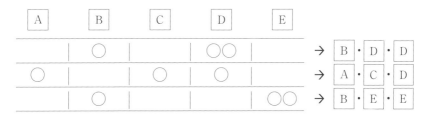

図4-7　5種類の文字から重複を許して3文字を選ぶ方法 1

棒の位置を決めれば○の位置が決まり，その逆も成り立つため，求める場合の数は $_7C_4 = {}_7C_3 = 35$ である*3。一般的に，n 種類のものから重複を許して r 個選ぶ場合の数は，$_{n+r-1}C_r$ である。

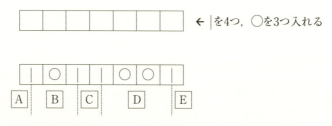

図4-8　5種類の文字から重複を許して3文字を選ぶ方法 2

2. 事象と確率

(1) 試行と事象

　結果が偶然に支配される実験や観察を試行という。例えば，さいころを振って出た目を記録することや，じゃんけんをして勝ち負けを見ることは試行である。試行に対して，起こりうるすべての事柄の集合を標本空間といい，標本空間の要素1つ1つを標本点という。さいころを1回振る試行で，x の目が出ることを x と表すと，標本空間は，$\{1,2,3,4,5,6\}$ の6つの標本点から構成される。さいころを2回振る試行で，1回目に x の目，2回目に y の目が出ることを (x,y) と表すと，標本空間は，

$$\{(1,1),(1,2),...,(1,6),$$
$$(2,1),(2,2),...,(2,6),$$
$$\vdots$$
$$(6,1),(6,2),...,(6,6)\}$$

の36個の標本点から構成される。標本空間内の標本点の集まりを事象という。さいころを1回振る試行で，偶数の目が出るという事象を A，

---

*3　r 個を選ぶことは，r 個に選ばれない残りの $(n-r)$ 個を選ぶことと同じであるため，$_nC_r = {}_nC_{n-r}$ が成り立つ。

4 以上の目が出るという事象を B とすると,事象 $A = \{2, 4, 6\}$,事象 $B = \{4, 5, 6\}$ である.

ここで,X または Y が起こる事象を X と Y の和事象といい,$X \cup Y$ と表す.X と Y がどちらも起こる事象を X と Y の積事象といい,$X \cap Y$ と表す.また,事象 X に対して,X が起こらない事象を X の余事象といい,$\overline{X}$ と表す.上の例では,$A \cup B = \{2, 4, 5, 6\}$,$A \cap B = \{4, 6\}$,$\overline{A} = \{1, 3, 5\}$ である.

事象 X と Y が同時には起こらないとき,X と Y は互いに排反であるという.上の例では,偶数の目が出る事象 (A) と 4 以上の目が出る事象 (B) は同時に起こることがあるので,A と B は排反ではない.2 以下の目が出る事象を C とすると,B と C は互いに排反である.

標本点をすべて含む事象を全事象といい,本章では U で表す.標本点を 1 つも含まない事象を空事象といい,本章では ∅ で表す.標本点 1 つからなる事象を,根元事象という.

ここまでを,さいころの例を使って図 4-9 にまとめる.

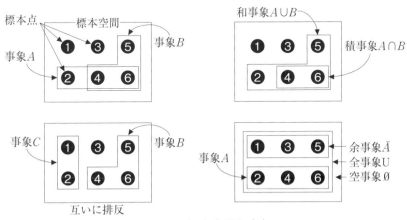

図 4-9 標本空間と事象

(2) 確率

　事象が起こる確からしさの尺度を確率という。確率は，絶対に起こらない場合に 0，確実に起こる場合に 1 である。起こるか起こらないかわからない場合は，その起こりやすさに比例して 0 から 1 の間の値をとる。事象 X の起こる確率を $P(X)$ と表記すると，
$$0 \leq P(X) \leq 1$$
である。また，
$$P(\mathrm{U}) = 1$$
$$P(\emptyset) = 0$$
である。互いに排反な事象 X と Y に対しては，
$$P(X \cup Y) = P(X) + P(Y)$$
が成り立つ。これは，3つ以上の互いに排反な事象に対しても同様である。

　ここで，各標本点に確率が対応していると考えることができる。ある標本点に対応する確率は，その事象が起こる確からしさである。確率の性質より，すべての標本点に 0 以上，1 以下の確率を対応させ，その合計を 1 とする。標本点が n 個あり，すべてが同じ確からしさで起こる場合，それぞれの標本点に $\frac{1}{n}$ の確率を対応させればよい。さいころを 1 回振る試行では，各標本点に $\frac{1}{6}$ の確率を対応させる。こうすると，ある事象が起こる確率は，その事象に含まれる標本点に対応した確率の和となる。さいころを 1 回振って偶数の目が出る事象 A の確率は，2 の目，4 の目，6 の目の 3 つの標本点に対応した確率の合計である。すなわち，$P(A) = \frac{1}{6} + \frac{1}{6} + \frac{1}{6} = \frac{1}{2}$ である（図 4-10）。

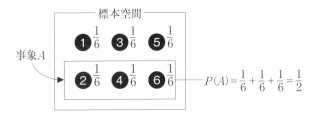

図4-10 事象の確率

(3) 余事象の確率

$X \cup \overline{X} = U$, かつ X と $\overline{X}$ は互いに排反であるため, $P(X \cup \overline{X}) = P(X) + P(\overline{X}) = 1$ が成り立つ。すなわち,
$$P(X) = 1 - P(\overline{X})$$
である。この性質を用いれば, 直接計算することが面倒な確率を簡単に求められることがある。さいころを4回振ったとき, 少なくとも1回6の目が出る確率を考える。この事象を A とする。また, 6の目が1回も出ない事象を A_0, 1回出る事象を A_1, 2回出る事象を A_2, 3回出る事象を A_3, 4回出る事象を A_4 とする。$A = A_1 \cup A_2 \cup A_3 \cup A_4$, かつ A_1, A_2, A_3, A_4 は互いに排反であるため, 求める確率は

$$P(A) = \sum_{i=1}^{4} P(A_i) = \sum_{i=1}^{4} {}_4C_i \left(\frac{1}{6}\right)^i \left(\frac{5}{6}\right)^{4-i}$$
$$= \frac{500}{1296} + \frac{150}{1296} + \frac{20}{1296} + \frac{1}{1296} = \frac{671}{1296}$$

である[*4]。これは上記の余事象の性質を用いれば, もっと簡単に求められる。余事象 $\overline{A}$ は, 1回も6の目が出ない確率である。

$$P(\overline{A}) = P(A_0) = \left(\frac{5}{6}\right)^4 = \frac{625}{1296}$$

であるため, 求める確率は,

[*4] 6の目が i 回出る確率 $P(A_i)$ は, ${}_4C_i \left(\frac{1}{6}\right)^i \left(\frac{5}{6}\right)^{4-i}$ である。その理由は, 次節で説明する。

$$P(A) = 1 - P(\overline{A}) = 1 - \frac{625}{1296} = \frac{671}{1296}$$

と簡単に計算できる。

(4) 和事象・積事象の確率

事象 X と Y の和事象 $X \cup Y$ の確率は，以下の式で計算できる。
$$P(X \cup Y) = P(X) + P(Y) - P(X \cap Y)$$

これは，図4-11のような図（ベン図という）を描けば理解できる。図4-11において，X には含まれるが Y には含まれない領域を①，X と Y の両方に含まれる領域を②，X には含まれないが Y には含まれる領域を③とする。このとき，$P(X \cup Y)$ は，①，②，③のいずれかに含まれる標本点に対応した確率の合計である。同様に，$P(X)$ は①と②，$P(Y)$ は②と③，$P(X \cap Y)$ は②に含まれる標本点に対応した確率の合計である。$P(X) + P(Y)$ は，②の領域に含まれる標本点に対応した確率が2回足されているため，②に対応する $P(X \cap Y)$ を引けば，上記の式となる。

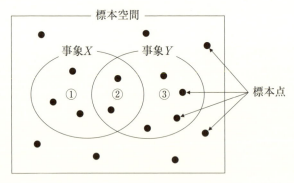

図4-11　和事象と積事象の確率

X と Y が互いに排反であるときは，$P(X \cap Y) = P(\emptyset) = 0$ であるため，
$$P(X \cup Y) = P(X) + P(Y)$$
が成り立つ。

なお，X と Y の積事象が起こる確率である $P(X \cap Y)$ を，X と Y の同時確率ともいう。

(5) 条件付き確率と乗法定理

さいころを 2 回振るときに，出る目の積が 15 以上になる確率を考える。標本空間 S は，例えば，図 4-12 のように表せる。列が 1 投目に出る目，行が 2 投目に出る目である。36 個の標本点は，いずれも同じ確からしさで起こるため，それぞれの標本点に $\frac{1}{36}$ の確率を対応づける。出る目の積が 15 以上になるのは，図 4-12 において点線で囲んだ 13 の標本点である。よって，さいころを 2 回振って，出る目の積が 15 以上になる確率は，$\frac{1}{36} \times 13 = \frac{13}{36}$ である。

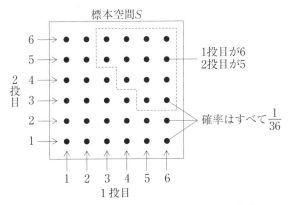

図 4-12　さいころを 2 回振る試行の標本空間

次に，1投目に5の目が出たことがわかっているとき，2投目に出る目との積が15以上になる確率を考える。標本空間S'は，図4-13のように，1投目が5である列だけを抜き出したものになる。この新しい標本空間S'内で，点線で囲まれた標本点に対応する確率を合計すれば，求める確率となる。元の標本空間S内の標本点には，すべて$\frac{1}{36}$の確率が対応づけられており，S'に含まれる標本点の確率を合計すると$\frac{6}{36}$である。確率の性質を満たすためには，標本空間内のすべての標本点に対応する確率の合計を1にする必要がある。そこで，S'内では，各標本点に対応する確率を$\frac{36}{6}$倍し，$\frac{1}{6}$に更新する。こうすれば，1投目に5の目が出たことがわかっているという条件の下で，出る目の積が15以上になる確率は，$\frac{1}{6} \times 4 = \frac{2}{3}$と求めることができる。

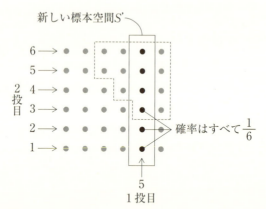

図4-13　1投目に5の目が出たことがわかっているときの新しい標本空間

さいころを2回振るときに，1投目で5の目が出るという事象をA，出る目の積が15以上になるという事象をBとする。事象Aが起こったかどうかわからない状態で，事象Bの起こる確率を求めると$\frac{13}{36}$であった。事象Aが起こったことがわかっている状態で，事象Bの起こる確率を求めると$\frac{2}{3}$であった。このように，事象Aが起こったことがわかっているかどうかで，事象Bの起こる確率が異なる。ここで，事象Xが起こったという条件の下で事象Yの起こる確率を，Xが起こったときの（Xの下での）Yの条件付き確率といい，$P(Y|X)$と表記する。

改めて，$P(B|A)$の計算過程を考える。図4-14に，事象A，事象B，事象$A \cap B$を示した。$P(B|A)$を求めるために，S内におけるAに含まれる標本点の確率を$\frac{1}{P(A)}$倍してから，$A \cap B$に含まれる標本点の確率を合計した。順番を変えて，$A \cap B$に含まれる標本点の確率を合計してから，$\frac{1}{P(A)}$しても同じである。つまり，Aが起こったときのBの条件付き確率は，AとBの同時確率を，Aが起こる確率で割っ

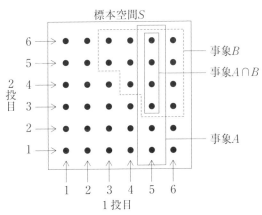

図4-14　事象A, B, $A \cap B$

たものである。この例では，$P(A)=\frac{6}{36}$，$P(A\cap B)=\frac{4}{36}$，$P(B|A)=\frac{4}{36}\div\frac{6}{36}=\frac{2}{3}$ である。

一般的に，
$$P(X\cap Y)=P(X)P(Y|X)$$
である。これを乗法定理という。乗法定理は，「X と Y が同時に起こる確率は，X が起こる確率に，X が起こったときに Y が起こる確率を掛けたもの」と読むことができる。

ここで，$P(Y|X)=P(Y)$，かつ $P(X)\neq 0$，$P(Y)\neq 0$ のとき，つまり事象 X が起こったかどうかが，事象 Y の起こる確率に影響を与えないとき，Y は X から独立であるという。Y が X から独立であるとき，X も Y から独立であることが容易に確かめられる。よって，単純に「X と Y は独立である」という。X と Y が独立であるとき，
$$P(X\cap Y)=P(X)P(Y|X)=P(X)P(Y)$$
が成り立つ*5。

3. 確率分布とマルコフ過程

(1) 確率変数と確率分布

試行の結果によって，値が確率的に決まる変数を確率変数という。さいころを1回振る試行において，出る目を確率変数 x とすれば，x のとる値とその確率は，表4-1のようになる。

表4-1 さいころを1回振るときの出る目

x	1	2	3	4	5	6	計
確率	$\frac{1}{6}$	$\frac{1}{6}$	$\frac{1}{6}$	$\frac{1}{6}$	$\frac{1}{6}$	$\frac{1}{6}$	1

*5 71ページで余事象の確率 $P(\overline{A})$ を求めるために，この性質を使っている。1投目で6の目が出ない事象と，2投目で6の目が出ない事象は独立である。

さいころを2回振る試行において，出る目の和を確率変数 x とすれば，x のとる値とその確率は，表4-2のようになる。

表4-2 さいころを2回振るときの出る目の和

x	2	3	4	5	6	7
確率	$\frac{1}{36}$	$\frac{2}{36}$	$\frac{3}{36}$	$\frac{4}{36}$	$\frac{5}{36}$	$\frac{6}{36}$

8	9	10	11	12	計
$\frac{5}{36}$	$\frac{4}{36}$	$\frac{3}{36}$	$\frac{2}{36}$	$\frac{1}{36}$	1

このような，確率変数と確率の対応関係を確率分布という。確率変数 x に対する確率を与える関数 $f(x)$ を，確率分布関数という。表4-1の例では，確率分布関数は

$$f(x) = \frac{1}{6} \ (x = 1, 2, \ldots, 6)$$

である。このようにすべての確率変数の値に対して一定の確率をとる分布を一様分布という。表4-2の例では，例えば

$$f(x) = \frac{6 - |x - 7|}{36} \ (x = 2, 3, \ldots, 12)$$

である。

確率分布を考えるとき，その確率変数の平均値（期待値）と分散が論点となることが多い。確率変数 x の確率分布関数が $f(x)$ のとき，

$$\text{平均値 } \mu = \sum_x x f(x)$$

$$\text{分散 } \sigma^2 = \sum_x (x-\mu)^2 f(x)$$

である。

(2) 二項分布

　1回の試行で事象 X の起こる確率が p であるとき，その試行を n 回繰り返したときに事象 X が起こる回数を x とする。例えば，さいころを10回振って1の目が出る回数 x を考える。さいころを1回振って1の目が出る事象を X とすれば，$p = \frac{1}{6}$，$n = 10$ である。$x = 3$，すなわち1の目が3回出る確率は，次のように計算できる。

　1の目が3回出る起こり方には，「1・3・6回目が1で残りが1以外」，「2・6・10回目が1で残りが1以外」など複数ある。その総数は，10回の中から1の目が出る回を3つ選ぶ場合の数，すなわち $_{10}C_3$ である。このそれぞれの場合が起こる確率は，$\left(\frac{1}{6}\right)^3 \left(\frac{5}{6}\right)^7$ である。つまり，$x = 3$ となる確率は，$_{10}C_3 \left(\frac{1}{6}\right)^3 \left(\frac{5}{6}\right)^7$ である。一般的に，確率 p の事象が n 回の試行で x 回起こる確率は，

$$f(x) = {}_nC_x p^x (1-p)^{n-x} \qquad (x = 0, 1, 2, ..., n)$$

である。このような確率分布を二項分布といい，$B(n, p)$ で表す。

　上記の例について，$x = 0$ から $x = 10$ までの確率を計算し，プロットしたグラフを図4-15に示す。さいころを10回振って1の目が6回以上も出る確率はほとんどないことがわかる。

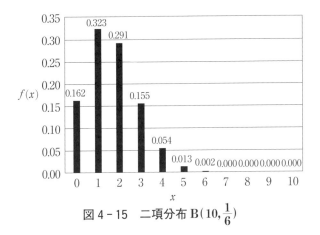

図 4-15 二項分布 $B(10, \frac{1}{6})$

二項分布 $B(n,p)$ に従う確率分布の平均値は np，分散は $np(1-p)$ になることがわかっている。上記の例に当てはめれば，さいころを 10 回振って 1 の目が出る回数の期待値は $10 \times \frac{1}{6} = \frac{5}{3}$ 回，分散は $10 \times \frac{1}{6} \times \left(1 - \frac{1}{6}\right) = \frac{25}{18}$ である。

(3) マルコフ過程

さいころを振る試行を何度も繰り返し，出た目を記録していくことを考える。例えば 5 投目までで，4，6，2，3，3 という系列が得られた。2 回連続して 3 の目が出たので，次も 3 の目が出る確率は，これまで一度も出ていない 1 や 5 の目が出る確率より低いだろうか。もちろんそのようなことはなく，ある回に出る目は，それ以前に出た目の影響を受けない。6 投目に出る目の確率は，1〜6 のいずれも $\frac{1}{6}$ である。さいころを振る試行では，それぞれの回は，確率的に独立している[*6]。一

[*6] 前節では，事象の独立の説明をした。ここでは，2 つの確率変数の確率分布が互いに無関係であることを，独立であると表現している。確率変数 x と y に対して，$P(x=a$ かつ $y=b) = P(x=a)P(y=b)$ がすべての a と b の組について成り立てば，x と y は独立である。

方，ある回の試行の結果が，次の回の試行に影響を与える場合もある。例えば，ある動物の赤ちゃんが，寝る，食べる，遊ぶ，の3つの行動しかしないとする。この赤ちゃんを観察し，行動を記録する試行を，5分ごとに繰り返す。この試行では，「寝る」の次も「寝る」である可能性が高い。観察によって「寝る」の次が「寝る」である確率は 0.8,「食べる」である確率は 0.2,「遊ぶ」である確率は 0 であることがわかった。同様に「食べる」の次は，「寝る」が 0.2,「食べる」が 0.4,「遊ぶ」が 0.4 であった。「遊ぶ」の次は，「寝る」が 0.2,「食べる」が 0.3 で，「遊ぶ」が 0.5 であった。行動を観察した確率変数の系列を $x_1, x_2, x_3, \ldots$，とすると

$$\begin{cases} P(x_{i+1} = 寝 \mid x_i = 寝) = 0.8 \\ P(x_{i+1} = 食 \mid x_i = 寝) = 0.2 \\ P(x_{i+1} = 遊 \mid x_i = 寝) = 0 \\ P(x_{i+1} = 寝 \mid x_i = 食) = 0.2 \\ P(x_{i+1} = 食 \mid x_i = 食) = 0.4 \\ P(x_{i+1} = 遊 \mid x_i = 食) = 0.4 \\ P(x_{i+1} = 寝 \mid x_i = 遊) = 0.2 \\ P(x_{i+1} = 食 \mid x_i = 遊) = 0.3 \\ P(x_{i+1} = 遊 \mid x_i = 遊) = 0.5 \end{cases}$$

である。このように，現在の状態に応じて，次の状態の確率分布が決まる性質をもった確率変数の系列をマルコフ過程という。本章では用語の定義だけにとどめるが，マルコフ過程は後の章で登場する理論の理解に必要な概念であると同時に，さまざまな分野に応用される。

演習問題

【問題】

4.1 あるマンションには，1号棟に10世帯，2号棟に8世帯が入居している。それぞれの棟から2世帯ずつ，計4世帯を自治会役員として選ぶ選び方は何通りあるか。

4.2 さいころを2回振るとき，1投目に出る目より，2投目に出る目の方が大きくなる確率を求めよ。

4.3 コインを5回投げたとき，表がたかだか1回しか出ない確率を求めよ。

4.4 本章3.の（3）で示したマルコフ過程の例を考える。ある時点で観察したとき赤ちゃんは寝ていた。10分後に寝ている確率を求めよ。

解答

4.1 $_{10}C_2 \times {_8}C_2 = 1260$ 通り

4.2 1投目に出る目と2投目に出る目の組合せ36通りは，すべて同じ確からしさで起こる。1投目に出る目より，2投目に出る目の方が大きい場合の数は15通り（下の樹形図参照）。よって求める確率は，$\dfrac{15}{36}$。

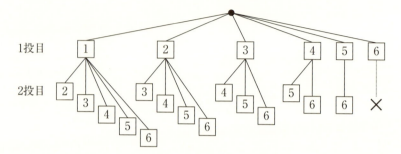

4.3 表の出る回数を x とすると，確率分布関数は $f(x) = {_5}C_x \left(\dfrac{1}{2}\right)^5$ である。求める確率は，$f(0) + f(1) = \dfrac{1}{32} + \dfrac{5}{32} = \dfrac{3}{16}$

4.4 10分後に寝ている確率は，以下の3つの確率を足したものである。
① 5分後に寝ており，10分後に寝ている確率
② 5分後に食べており，10分後に寝ている確率
③ 5分後に遊んでおり，10分後に寝ている確率
よって求める確率は，0.8×0.8（①）$+ 0.2 \times 0.2$（②）$+ 0 \times 0.2$（③）$= 0.68$。

5 ｜情報量

加藤　浩

《**目標＆ポイント**》　日常言語としての情報概念と，情報理論での情報概念の違いについて明らかにする。そして情報理論に基づき数学的に情報量を定義し，いくつかの具体的な事例で情報量の定義が直感ともうまく合致していることを確認する。次に，情報量の加法性について述べ，独立な事象ではない場合についての取り扱いについて解説する。
《**キーワード**》　情報量，bit，シャノン，確率，条件付き確率，加法性

1．情報とは

　情報は現代社会を特徴づける重要なキーワードである。さまざまなメディアを通しておびただしい量の情報が流通し，私たちに多くの恩恵を与えてくれる一方，時にはトラブルの原因ともなる。このように，情報は私たちの身近な存在であるが，改めて情報とは何かを考えてみると，意外に定義が難しい。情報は新聞や雑誌のような文字，写真のような画像，テレビのような映像，ラジオのような音など，様々な形態で表現されるが，そういった表現そのものではない。なぜなら，音声を文字に書き起こしたり，映像を電波に乗せたりなど，情報内容を変えることなく表現形態を変換することが可能だからである。
　ならば情報とはどういう意味だろうか。試みに，広辞苑（第七版）を引いてみると，

> 情報（information）
> （1）あることがらについてのしらせ。「極秘—」
> （2）判断を下したり行動を起こしたりするために必要な，種々の媒体を介しての知識。「—が不足している」

とある。また，JISの情報処理用語—基本用語では次のように定義されている。

> 情報（JIX 0001-1994 01.01.01）
> 事実，事象，事物，過程，着想などの対象物に関して知り得たことであって，概念を含み，一定の文脈中で特定の意味をもつもの。

　これらを見ると「しらせ」，「知識＝知り得たこと」として定義されている。これらに共通しているのは「知ること」である。つまり，単純化してしまえば，人が知らなかったことを知るようになるという変化を引き起こすものが情報なのである。

　情報がそのような意味であるならば，一つ押さえておきたいことがある。それは，同じ情報表現からでも，得る情報が人それぞれ異なるということである。例えば，熟練の棋士は将棋の棋譜から打ち手の性格まで読み取れるというが，将棋のルールを知らない人にとっては，単なる駒の配置図でしかない。そうであるなら，情報の意味や価値を取り扱うためには，情報の受け取り手の状態まで考慮しなければならないことになる。

　このことは，情報を科学的に取り扱おうとするとき，大きな障害となる。なぜなら，人それぞれの状態は，多分に主観的なものであり，客観的に取り扱うことが困難だからである。しかし，受け取り手によって解釈される前の状態，すなわち，情報表現ならば，客観的な対象となる。

そこで，情報理論では情報の表現を取り扱う。逆に言えば，情報の意味や価値については取り扱わないということである。このように，情報理論でいうところの「情報」は日常言語での情報とは意味合いが異なる。

2. 情報量

　情報を科学的に取り扱うためには，情報を定量化する必要がある。シャノン（Claude E. Shannon）は情報量を確率を用いて数学的に定義した。単純に生起確率が小さいほど情報量が大きいとしたのである。

　これは情報のもつ性質の一面をよく表している。例えば，ボガート（John B. Bogart）の名言に「犬が人を噛んでもニュースにはならないが，人が犬を噛んだらニュースになる」というのがある。これは，人が犬を噛むことは非常にまれにしか起きないので，ニュース性が高い，すなわち，情報量が大きいのだと解釈できる。

　同様に考えれば，「コインを投げたら表が出た」という情報よりも，「コインを投げたら立った」という情報の方が情報量が大きい。投げたコインが立つなどということは，めったに起こらないので，一般的にはそうであることは納得できる。しかし，コインを投げた当事者たちにとってみれば，おそらく何かを賭けてコイン投げをしていたのであろうから，コインが立つということは，単にやり直しが必要だということしか意味しない。彼らにとっては，むしろ，表か裏のどちらかが出る方が，情報量は大きいともいえる。この例が示すように，生起確率を情報量とすることは意味や価値を含む日常感覚的な情報量とは離齬が生じる場合もある。

　さて，情報量を定量化するにあたって，確率の値そのままでは 1 より小さい小数になって扱いにくいし，また，情報量が大きい方が値が小さいというのもわかりにくい。そこで，事象 x の生起確率が $P(x)$ である

ときの情報量 $I(x)$ を次のように定義する。

$$I(x) \stackrel{\text{def}}{=} -\log_2 P(x)$$

対数の底は情報理論では通常2とするので，以下では，特に指定しない限り対数の底は2とする。このときの情報量 I の単位は bit となる。確率 P は $0 \leq P \leq 1$ の値を取るので，情報量 I は $0 \leq I$ となる。図5-1に生起確率 P に対する情報量 I のグラフを示す。生起確率が低いほど大きな値になっていることがわかる。

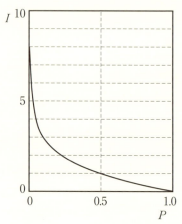

図5-1　生起確率 P に対する情報量 I のグラフ

コインを投げて，表と裏が等しい確率で出るとき，そして決して立ったり割れたりしないときには表が出る確率 $P(a_0)$ と裏が出る確率 $P(a_1)$ はともに

$$P(a_0) = P(a_1) = \frac{1}{2}$$

であるので，どちらが出ても情報量 I は

$$I(a_0) = I(a_1) = -\log\frac{1}{2} = -\log 2^{-1} = 1$$

となり，情報量は 1 bit となる．このように，二者択一で，そのどちらも同様に確からしいときに，情報量は 1 bit となる．

もしも，コインの重心が偏っていて表が出る事象 b_0 の確率が少し高い場合，すなわち

$$(P(b_0), P(b_1)) = (0.6, 0.4)$$

の場合には，情報量は

$$(I(b_0), I(b_1)) = (0.7370, 1.3219)$$

であり，表が出る事象の情報量が少なくなり，裏は多くなる．しかし，表の情報量の減った分が，単純に裏に加わったわけではない．情報量の総和は 2.059 と，均等な場合よりも増加していることに注意しよう．

それでは，情報量が 0 となるのはどういう場合であろうか．それは，生起確率が 1 の事象，すなわち確実に起きる事象の場合である．あえてコインの例で言えば，両面とも表のいかさまコインを使った場合で，これでは表が出るのが当然なので，何の情報も得られないことになる．

ちなみに，投げたコインが立つ事象 c_2 を想定して，仮にその確率 $P(c_2)$ を 1 万分の 1（万一）としよう．さらに，表になる確率と裏になる確率が等しいとすると，その確率分布は

$$(P(c_0), P(c_1), P(c_2)) = (0.49995, 0.49995, 0.0001)$$

となるので，それぞれの事象が起きたときの情報量は

$$(I(c_0), I(c_1), I(c_2)) = (1.0001, 1.0001, 13.288)$$

となる．やはり，コインが立ったときの情報量がとび抜けて大きいことがわかる．また，$I(c_0)$ と $I(c_1)$ も先ほどより，ほんのわずかだが大きくなっている．

3. 情報量の加法性

　もう一度情報量の定義を見てほしい。生起確率の対数を取って，符号を反転している。それにより，第一に，確率だと値が必ず1以下の小数になるが，対数を取ることにより，そういうことが少なくなるので扱いやすくなるという効果がある。第二に，符号を反転させることで，値を正の値にするとともに，生起確率が小さいほど情報量が大きいという関係を実現している。

　しかし，理由がそれだけならば，単に確率の逆数をとってもよいはずである。逆数をとれば，値は必ず1以上の数になるし，確率が低いほど値は大きくなる。

　実は，確率の対数をとるということには，それ以上の意味がある。それは，対数をとることによって，2つの独立事象がともに生起したことのもたらす情報量が，それぞれの個別事象がもたらす情報量の和になるということである。

　具体的な例で見てみよう。

　太郎さんが16階建てのマンションの1室に住んでいる。マンションの各階には，それぞれ8室ずつあるとする。ここで，太郎さんが4階の3号室（403）に住んでいるということの情報量 $I(d_{403})$ は，マンション全体で128室あるうちの1部屋を特定する情報であるので，確率は $\frac{1}{128}$，すなわち

$$I(d_{403}) = -\log\frac{1}{128} = -\log 2^{-7} = 7$$

となる。

　これに対して，ある人から「太郎さんは4階のどこかの部屋に住ん

いる」という情報と，別の人から「太郎さんは何階かはわからないが3号室に住んでいる」という情報を聞いたとしよう。この2つの情報を総合すると，太郎さんが403号室に住んでいるということがわかるので，「太郎さんが4階の3号室（403）に住んでいる」ことの情報量 $I(d_{403})$ は，「太郎さんは4階のどこかの部屋に住んでいる」ことの情報量 $I(d_{4**})$ と「太郎さんは何階かはわからないが3号室に住んでいる」ことの情報量 $I(d_{*03})$ の和になっていることが自然である。

まずはそれを確かめてみよう。まず，$I(d_{4**})$ について，16階建てのマンションの4階に住んでいるということは，全128室のうちの4階にある8室を特定する情報なので，確率は $\frac{8}{128}$，すなわち

$$I(d_{4**}) = -\log \frac{8}{128} = -\log 2^{-4} = 4$$

次いで，$I(d_{*03})$ は，全128室のうちの各階の3号室である16室を特定する情報なので，確率は $\frac{16}{128}$，すなわち

$$I(d_{*03}) = -\log \frac{16}{128} = -\log 2^{-3} = 3$$

したがって，その情報量を加えると

$$I(d_{4**}) + I(d_{*03}) = 4 + 3 = 7$$

であり，たしかに何階の何号室かを直接知った場合の確率 $I(d_{403})$ と一致する。

これを定式化すると次のようになる。x_0 という事象と x_1 という事象があり，それらが独立だとしたとき，x_0 と x_1 が同時に起こる確率 $P(x_0 \cap x_1)$ は，x_0 が起こる確率 $P(x_0)$ と x_1 が起こる確率 $P(x_1)$ の積で表される。

$$P(x_0 \cap x_1) = P(x_0) \cdot P(x_1)$$

したがって，**同時情報量** $I(x_0 \cap x_1)$ は

$$
\begin{aligned}
I(x_0 \cap x_1) &= -\log P(x_0 \cap x_1) \\
&= -\log(P(x_0)P(x_1)) \\
&= -\log P(x_0) - \log P(x_1) \\
&= I(x_0) + I(x_1)
\end{aligned}
$$

となる．この性質を情報量の**加法性**と呼ぶ．証明は省略するが，情報量の加法性を満たす単調減少連続関数は

$$I(x) = -k \log P(x)$$

の形式に限られることがわかっている．（k は定数，対数の底は任意）

　先の例は2つの事象が独立であるという条件がついていた．それでは独立でない場合には情報の加法性は成り立たなくなるのであろうか．次はそれを検討する．

（例題 5.1）

　太郎さんが 16 階建てのマンションの 1 室に住んでいる．マンションの各階には，それぞれ 8 室ずつあるとする．ただし，1 階は共用部分があるため 4 室しかなく，また最上階にも 4 室しかない．太郎さんが 403 号室に住んでいるという事象 e_{403} の情報量が，太郎さんが 4 階に住んでいるという事象 e_{4**} の情報量と太郎さんが 3 号室に住んでいるという事象 e_{*03} の情報量の和で表されるかどうかを確認せよ．

　この例の場合は，階数の情報と何号室という情報とは独立ではない．なぜなら，1 階または 16 階という情報を得たら，即座に 5～8 号室でないことがわかるため，階数の情報の中に号室の情報が一部含まれているといえるからである．

　まずは具体的に計算をして確認をしてから，それを一般化しよう．太郎さんが 403 号室に住んでいる事象 e_{403} の情報量 $I(e_{403})$ は，全部で

120 ($=4+14\times 8+4$) 室あるうちの 1 室を特定するものであるので，
$$I(e_{403}) = -\log\frac{1}{120} = 6.9069$$
である．

それでは，これを 2 つの別々の情報から知った場合を検討する．まず，太郎さんが 4 階に住んでいるという事象 e_{4**} を知ったとしよう．これは 16 階中の 1 階を特定する情報だから $P(e_{4**}) = \frac{1}{16}$ としてよいだろうか．

ここが注意が必要な点である．もしも居住階が 2 階から 15 階までであったら，住んでいる部屋の可能性はまだ 8 つ残るが，1 階か 16 階であると知れば，可能性は 4 つにまで絞れる．すなわち，階によって得られる情報量が異なるのである．

すなわち，知った情報が 2〜15 階（4 階を含む）のいずれかである場合には，その情報量は
$$I(e_{4**}) = -\log\frac{8}{120} = 3.9069$$
である．そして，4 階に住んでいることを知った後に，3 号室に住んでいることを知った場合には，可能性がある 8 室のうちの 1 室が特定されることになるので，
$$I(e_{*03} \mid e_{4**}) = -\log\frac{1}{8} = 3.0000$$
となり，やはり，おのおのの情報量の和は
$$I(e_{4**}) + I(e_{*03} \mid e_{4**}) = 3.9069 + 3.0000 = 6.9069$$
となり，いちどきに知ったときの情報量 $I(e_{403})$ と等しい．

この例では，何階かという事象と何号室かという事象は独立ではないため，それを知る順序によって，途中で得る情報量が異なる．そこで，同じ情報を違う順序で知った場合を計算してみよう．

先に 3 号室であることを知った場合，階の可能性は 16 階すべて残る．

したがって，その情報量は，

$$I(e_{*03}) = -\log \frac{16}{120} = 2.9069$$

となる。前述の「後に 3 号室であることを知った場合」の情報量 3.0 と異なる値になっていることに注意しよう。

次いで 4 階だということを知った場合の情報量は，可能性のある 16 階のうちの 1 階を特定する情報なので

$$I(e_{4**} \mid e_{*03}) = -\log \frac{1}{16} = 4.0000$$

となり，その 2 つを足し合わせると

$$I(e_{4**} \mid e_{*03}) + I(e_{*03}) = 2.9069 + 4.0000 = 6.9069$$

となり，最終的にはいちどきにそれを知った情報 $I(e_{403})$ と一致する。

最後に，これを定式化しよう。事象が独立ではない場合には，条件付き確率を用いて表現する。今，α 階である事を知る事象を x_α，β 号室であることを知る事象を x_β とすると，部屋番号を知る事象 $x_{\alpha\beta}$ の確率は

$$\begin{aligned} P(x_{\alpha\beta}) &= P(x_\alpha \cap x_\beta) \\ &= P(x_\beta \mid x_\alpha) P(x_\alpha) \end{aligned}$$

または

$$= P(x_\alpha \mid x_\beta) P(x_\beta)$$

である。上式の 2 行目が先に α 階を知り，次いで β 号室を知る場合，3 行目が先に β 号室を知り，次いで α 階を知る場合である。したがって，その情報量は，先に α 階を知って，次に β 号室を知る場合

$$\begin{aligned} I(x_{\alpha\beta}) &= -\log P(x_{\alpha\beta}) \\ &= -\log \left(P(x_\beta \mid x_\alpha) P(x_\alpha) \right) \\ &= -\log P(x_\beta \mid x_\alpha) - \log P(x_\alpha) \\ &= I(x_\beta \mid x_\alpha) + I(x_\alpha) \end{aligned}$$

となる．同様に，先に β 号室を知って，次に α 階を知る場合は
$$I(x_{\alpha\beta}) = I(x_\alpha \mid x_\beta) + I(x_\beta)$$
となる．

演習問題

【問題】

5.1 ジョーカーを除いたトランプカードを1枚引いて，①それがハートのA（エース）だという情報量，②それがハートだという情報量，③それがAだという情報量をそれぞれ求めよ．

5.2 （例題 5.1）のマンションの 1604 号室（16 階の 4 号室）に花子さんが住んでいる．このケースで，先に階数を知り次に号室を知った場合と，先に号室を知り次に階数を知った場合のそれぞれの情報量の和を求め，それらが 1604 室であることをいちどきに知った場合の情報量と等しくなることを確認せよ．

解答

5.1　① $-\log\dfrac{1}{52} = 5.700\text{bit}$

　　② $-\log\dfrac{1}{4} = 2.000\text{bit}$

　　③ $-\log\dfrac{1}{13} = 3.700\text{bit}$

5.2　1604号室をいちどきに知った場合の情報量は（例題5.1）と同じで6.907。

　①先に階数を知り，次に号室を知った場合。

　　16階であることの情報量は $-\log\dfrac{4}{120} = 4.907$。

　　次に4号室であることの情報量は $-\log\dfrac{1}{4} = 2.000$。

　　その和は6.907でいちどきに知った場合の情報量と等しい。

　②先に号室を知り，次に階数を知った場合。

　　4号室であることの情報量は $-\log\dfrac{16}{120} = 2.907$。

　　次に16階であることの情報量は $-\log\dfrac{1}{16} = 4.000$。

　　その和もやはり6.907となる。

6 | エントロピー

加藤 浩

《**目標&ポイント**》 エントロピーという概念を導入し，それが情報源から得られる平均的な情報量という側面と事象の不確定さという側面を持っていることを解説する。さらに，熱力学でいうところのエントロピーとの関係についても述べる。次に，エントロピーの性質について解説し，条件付きエントロピー，相互情報量，カルバック・ライブラー情報量を定義する。
《**キーワード**》 エントロピー，不確定さ，条件付きエントロピー，相互情報量，カルバック・ライブラー情報量

1. エントロピーとは

第5章で事象 x を知ったときに得る情報量 $I(x)$ をその生起確率 $P(x)$ を用いて定義した。ここで，起こりえる事象が全部で n 個あるとき，それを次のように表す。

$$X = \{x_1, x_2, \ldots, x_n\}$$

このとき X を情報源と呼ぶ。定義により X は起こり得る事象を余さず網羅しているので，その生起確率には次のような関係が存在する。

$$\sum_{i=1}^{n} P(x_i) = 1$$

すると，情報源 X を観測して得られる情報量の期待値（平均値）が次のようにして計算できる。

$$H(X) \stackrel{\text{def}}{=} \sum_{i=1}^{n} P(x_i) I(x_i)$$

$$= -\sum_{i=1}^{n} P(x_i) \log P(x_i) \tag{6.1}$$

この $H(X)$ を情報源 X のエントロピーと呼ぶ。

例えば，公正なコインを投げて表か裏のどちらかが出る場合，その情報量はどちらが出たことを知っても 1 であり（第 5 章参照），その生起確率は $\frac{1}{2}$ であるので，そのエントロピー（情報量の期待値）を求めると，

$$\frac{1}{2} \cdot 1 + \frac{1}{2} \cdot 1 = 1$$

となる。

次に，第 5 章で扱った万が一（$\frac{1}{10000}$）の確率で立つ可能性のあるコインの場合のエントロピーを計算してみよう。第 5 章の確率分布を用いて，

$-0.49995 \log 0.49995 - 0.49995 \log 0.49995 - 0.0001 \log 0.0001 = 1.00137$

となる。コインが立ったときの情報量はとび抜けて大きかったが，その生起確率が極めて低いので，結局，エントロピーとしては，表か裏しか出ないコインとほとんど変わらないことがわかる。

エントロピーにはもう一つの顔がある。それは事象の不確定さを表す指標である。

最も単純な場合を例にとって考えてみよう。2 つの事象 a_1 と a_2 があり，その生起確率をそれぞれ $P(a_1)$ と $P(a_2)$ とする。この場合，2 つの事象以外には起こらないので

$$P(a_1) + P(a_2) = 1$$

である。つまり，$P(a_1)$ が決まれば，$P(a_2)$ が自動的に求まる。そこで，簡単のためここでは $P(a_1)$ を p と表記する。このときのエントロピー

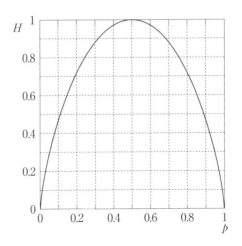

図 6-1　2 項エントロピー

$H(A)$ は p の関数として次のように表される。

$$H(A) = -p \log p - (1-p) \log(1-p) \tag{6.2}$$

この関数をグラフで表現したものを図 6-1 に示す。

このように，エントロピーは $p = 0.5$ のときに最大値をとり，そこから離れるにしたがって値は小さくなる。そして $p = 0$ および $p = 1$ のとき 0 となる[*1]。つまり，不確定性が最も高いとき（表が出るか裏が出るかが五分五分のとき）最大値をとり，不確定性がないとき（表／裏が確実に出るとき）に最小値の 0 を取る。これよりエントロピーが事象の不確定さの指標になっていることがわかる。

さらに，3 つの事象 $\{a_1, a_2, a_3\}$ が生起する場合を考えてよう。それぞれの生起確率を $\{x, y, z\}$ とおくと，$x + y + z = 1 (0 \leq x \leq 1, 0 \leq y \leq 1, 0 \leq z \leq 1)$ である。その値の範囲は 3 次元直交座標系では $(1,0,0)(0,1,0)(0,0,1)$ の 3 点を結ぶ正三角形の内部（辺を含む）の任意の点で表される。そこで，三角形の任意の点のエントロピーの値を，正三角形の法線方向に取って，

[*1] 正確には定義域に 0 を含まないために不定となるが、極限を取って 0 と定義する。

立体グラフで表現すると図6-2のようになる。

　正三角形の辺上の断面は図6-1と同じ形状になっている。これは各辺上ではxかyかzのいずれかの値が常に0であるので，2項エントロピーと等しくなるからである。各辺上ではその中点が極大となっているが，正三角形全体で見れば，それとは別に最大値を取る点があることが見て取れる。それは正三角形の重心，すなわち

$$(x,y,z)=(\frac{1}{3},\frac{1}{3},\frac{1}{3})$$

の点である。これは3つの事象の生起確率が等しく，どの事象が起こるかまったく予想がつかない状態を意味しており，不確定さが最も大きいといえる。

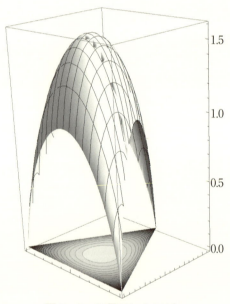

図6-2　3項エントロピー

また，図 6-1 や図 6-2 から類推できるように，エントロピーは上に凸な関数である。証明は略すが，エントロピー関数は一般に凸関数であることが知られている。

　さらに事象の数が多い場合を検討しよう。サイコロを振って出る目は 1～6 の 6 事象である。公正なサイコロであればそれぞれの目が等確率 $\frac{1}{6}$ で出て，このとき不確定さは最も大きい。公正なサイコロを 1 回投げて観測するときのエントロピーを計算してみると

$$-\sum_{i=1}^{6}\frac{1}{6}\log\frac{1}{6} = 6\cdot\frac{1}{6}\log 6 = 2.5850$$

になる。

　それでは，それよりもやや不確定さが小さくなった場合，例えば，サイコロの重心が偏っていて，1 の目がやや出やすい場合を想定して，そのエントロピーを計算してみよう。1 の目が 6 の目よりも 2 倍出やすいとすると，1 の目の出る確率が $\frac{2}{9}$，6 の目の出る確率が $\frac{1}{9}$，2～5 の目の出る確率は $\frac{1}{6}$ となるので，そのエントロピーは

$$-\frac{2}{9}\log\frac{2}{9} - \frac{1}{9}\log\frac{1}{9} - 4\cdot\frac{1}{6}\log\frac{1}{6} = 2.5577$$

となり，たしかに公正なサイコロの場合よりも減少している。

　この例や図 6-1，図 6-2 からも類推できるように，エントロピーは一様分布，すなわち，すべての事象が等確率で生起する，最も不確定さが大きい場合に最大値をとり，その値は事象の数を n としたとき $\log n$ となる。その証明は後述する。他方，不確定さがない場合，すなわち，確率 1 で特定の事象が生起する場合にエントロピーは最小値 0 をとる。

　ところで，確率分布の不確定さを表す指標としてよく知られているも

のに分散がある。しかし，分散は確率変数が温度（℃）のように値の差に意味がある場合（間隔尺度）か，質量のように0に意味がある場合（比例尺度）にしか求めることができない。例えば，アンケートの選択肢「1年未満」「1年〜2年」「3年〜5年」「6年以上」のように選択肢間に大小関係しかない場合（順序尺度）や「会社員」「公務員」「学生」などのように量的な関係がない場合（名義尺度）には分散は定義できない。しかし，順序尺度や名義尺度でも相対的な出現頻度は求めることができるので，それを生起確率と同様に扱うことでエントロピーは計算できる。

エントロピーの一つの応用例として，**等価選択肢数**（実効選択肢数）を紹介しよう。これはテストで使われる択一式の選択肢問題で，実効的にいくつの選択肢が使われたかを示す指数である。選択肢が n 個あるテスト問題に対して，回答の頻度分布（選択肢 i が選択された割合）を p_i ($i = 1, ..., n$) とすると，そのエントロピー H は次式のように計算できる。

$$H = -\sum_{i=1}^{n} p_i \log p_i \tag{6.3}$$

このとき等価選択肢数 O は

$$O \stackrel{\mathrm{def}}{=} 2^H$$

で与えられる。O は，n 個の選択肢がすべて等しい頻度で選ばれたときに n となり，全員が1つの選択肢しか選ばなかったときに1となる。つまり，O は実効的な選択肢の数を表している。O の値が1に近いときは，正答率が高い場合には問題が簡単過ぎている可能性があり，正答率が低い場合には引っ掛け問題になっている可能性がある。いずれにせよ，選択肢があまり有効に機能しておらず，問題の検討が必要となる。このように O を問題の質の検討材料として用いることができる。

2. 熱力学のエントロピーと情報理論のエントロピー

　実はエントロピーはもともとは熱力学の概念で，熱量と（絶対）温度によって定義される。特に「孤立した系で不可逆変化が生じた場合，その系のエントロピーは増大する」というエントロピー増大則がよく知られている。

　それを統計の概念と結びつけたのはボルツマン（L. E. Boltzman）の功績である。ボルツマンは，熱が容器中に存在する無数の微小な分子の運動によって起こると考え，その分子の運動状態を統計的に捉えることで，熱力学的現象を統計的に記述する統計力学という分野を拓いた。

　ボルツマンのエントロピー S は，W を一定の制約条件下での系の取り得る状態の数，k をボルツマン定数としたとき，

$$S \stackrel{\text{def}}{=} k \log_e W \tag{6.4}$$

と定義される。

　今，系において N 個の要素が I 個の場所に配分される場合を想定し，i 番目の場所に入る個数を N_i とすると，取り得る状態の数 W は

$$W = \frac{N!}{N_1! N_2! \ldots N_I!} \quad \text{ただし，} N = \sum_{i=1}^{I} N_i$$

となる。

　ここで N が十分に大きいとき次の近似が成り立つ[*2]。

$$\log_e N! \fallingdotseq N \log_e N - N$$

これを用いると $\log_e W$ は

$$\log_e W \fallingdotseq (N \log_e N - N) - (\sum_{i=1}^{I} N_i \log_e N_i - \sum_{i=1}^{I} N_i)$$

$$= N \log_e N - \sum_{i=1}^{I} N_i \log_e N_i$$

---

*2　スターリング級数

$\log_e n! = n \log_e n - n + \frac{1}{2} \log_e (2\pi n) + \frac{1}{12n} - \frac{1}{360n^3} + \frac{1}{1260n^5} - \frac{1}{1680n^7} + \ldots$ を第 2 項までで打ち切ったものである。

$$= \sum_{i=1}^{I} N_i \log_e N - \sum_{i=1}^{I} N_i \log_e N_i$$

$$= -\sum_{i=1}^{I} N_i \log_e \frac{N_i}{N}$$

$$= -N \sum_{i=1}^{I} \frac{N_i}{N} \log_e \frac{N_i}{N}$$

となる。

したがって，ボルツマンのエントロピー S とシャノンのエントロピー H は，次のように定数倍の関係にあり，実質的に同じ意味を持つことがわかる。

$$S = \log_e 2 \cdot kNH$$

ただし，ボルツマンのエントロピーに関する功績の本質に，より適合するのは，H よりもむしろ後述するカルバック・ライブラーの情報量の方であるという説（赤池，1985）もある。

熱力学とは独立にシャノンによって生み出された H を「エントロピー」と名付けるようにアドバイスしたのはフォン・ノイマン (John von Neumann) であると伝えられているが，2つの概念の共通性を見破ったフォン・ノイマンの慧眼には舌を巻く。

3. 条件付きエントロピー

情報源 X と情報源 Y の同時確率 $P(x_i \cap y_j)(i=1,...,I, j=1,...,J)$ を用いて，分布 (X, Y) の同時エントロピー $H(X \cap Y)$ を次のように定義する。

$$H(X \cap Y) \overset{\text{def}}{=} -\sum_{i=1}^{I} \sum_{j=1}^{J} P(x_i \cap y_j) \log P(x_i \cap y_j) \tag{6.5}$$

また，$X = x_i$ のときの Y の条件つき確率 $P(y_j | x_i)(j=1,...,J)$ を用いると，分布 (x_i, Y) のエントロピーは次のようになる。

$$H(Y|x_i) = -\sum_{j=1}^{J} P(y_j | x_i) \log P(y_j | x_i) \tag{6.6}$$

さらに，分布 (X,Y) の条件付きエントロピー $H(Y|X)$ を，この $H(Y|x_i)$ の期待値と定義すると次のような関係が成り立つ．

$$H(Y|X) \stackrel{\text{def}}{=} \sum_{i=1}^{I} P(x_i) H(Y|x_i)$$

$$= -\sum_{i=1}^{I}\sum_{j=1}^{J} P(x_i) P(y_j | x_i) \log P(y_j | x_i)$$

$$= -\sum_{i=1}^{I}\sum_{j=1}^{J} P(x_i \cap y_j) \log \frac{P(y_j | x_i) P(x_i)}{P(x_i)}$$

$$= -\sum_{i=1}^{I}\sum_{j=1}^{J} P(x_i \cap y_j) \log P(x_i \cap y_j) + \sum_{i=1}^{I} \log P(x_i) \sum_{j=1}^{J} P(x_i \cap y_j)$$

$$= -\sum_{i=1}^{I}\sum_{j=1}^{J} P(x_i \cap y_j) \log P(x_i \cap y_j) + \sum_{i=1}^{I} P(x_i) \log P(x_i)$$

$$= H(X \cap Y) - H(X) \tag{6.7}$$

X と Y は入れ替わっても同じことがいえるので

$$H(X \cap Y) = H(X) + H(Y|X) = H(Y) + H(X|Y) \tag{6.8}$$

が成り立つ．

これが意味することについて，第5章の（例題5.1）の問題設定を用いて，考察してみよう．まず，何階に住んでいるかを知る事象 e_{i*} をここでは x_i とし，何号室に住んでいるかを知る事象 e_{*j} を y_j とする．まず，何階かを先に知って，続いて，何号室かを知るとすると，それを樹形図に表すと図6-3のようになる．

まず，何階かを知ることで得る情報量の期待値（エントロピー）は

$$H(X) = -\sum_{i=1}^{16} P(x_i) \log P(x_i) \tag{6.9}$$

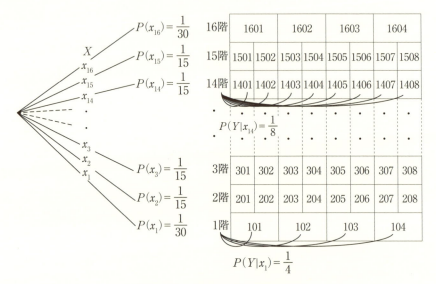

図6-3 (例題5.1)の樹形図

で与えられる。これを計算すると 3.974 となる

次に,x_i 階であることを知った後に何号室かを知ることのエントロピーは

$$H(Y|x_i) = -\sum_{j=1}^{8} P(y_j|x_i) \log P(y_j|x_i) \tag{6.10}$$

で与えられる。ただし,1階と 16 階($i=1$ および 16)については 4 号室までしかないので,5 号室から 8 号室まで($j=5...8$)の確率を便宜上 $P(y_j|x_i) = 0$ と定義する。これを計算すると 1 階と 16 階については 2,2 階から 15 階までは 3 となる。

すると $H(Y|x_i)$ の期待値である条件付きエントロピー $H(Y|X)$ は

$$H(Y|X) = \sum_{i=1}^{16} P(x_i) H(Y|x_i)$$

であり，これを計算すると 2.933 となる。
$$H(X \cap Y) = H(X) + H(Y|X)$$
を用いて同時エントロピー $H(X \cap Y)$ を計算すると 6.907 となる。

これは全 120 部屋あるうちのどの部屋かがわからない状態である $p(x_k) = \dfrac{1}{120}(k = 1, \ldots, 120)$ の一様分布のエントロピーと一致する。

すなわち，$H(X)$ が X を観測して得られる情報量の期待値，$H(Y|X)$ が X を観測した後に Y を観測して得られる情報量の期待値を表し，その和は当然 X と Y をいちどきに観測することで得られる情報量の期待値に等しい。このように，エントロピーは階層的に多段階に分解することができ，この性質をエントロピーの**分枝分解性**という。

4．相互情報量

$H(Y)$ は情報源 Y を観測して得られる情報量の期待値を表し，$H(Y|X)$ は情報源 X を観測した後に情報源 Y を観測して得られる情報量の期待値を表す。よって，それらの差を $I(Y;X)$ とすると，それは X を観測したことによって得られた Y に関する情報量の期待値を表す。
$$I(Y;X) \stackrel{\text{def}}{=} H(Y) - H(Y|X) \tag{6.11}$$
この $I(Y;X)$ のことを**相互情報量**と呼ぶ。X と Y が独立のときには，$I(Y;X) = 0$ である。

エントロピー，条件付きエントロピー，相互情報量，同時エントロピーの関係をわかりやすく図示すると図 6-4 のようになる。これを用いれば，例えば $I(X;Y) = H(X) + H(Y) - H(X \cap Y)$ などの関係式が容易に導ける。

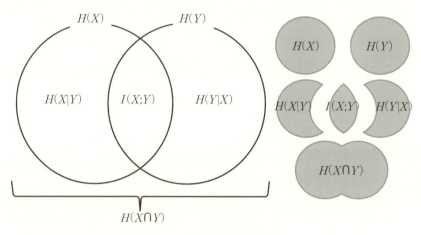

図6-4 各種情報量の関係

5. カルバック・ライブラー情報量

2つの情報源 P と Q が確率分布 $P=\{p_1,...,p_n\}$ と $Q=\{q_1,...,q_n\}$ をとるとき，カルバック・ライブラー情報量 $D(P\|Q)$ を次のように定義する．

$$D(P\|Q) \stackrel{\text{def}}{=} \sum_{i=1}^{n} p_i \log \frac{p_i}{q_i} \tag{6.12}$$

ただし，$0\log(0/q)=0$ とする．

$D(P\|Q)$ は分布 P と Q が完全に一致するとき，すなわちすべての i について $p_i=q_i$ のときに限って0となり，それ以外のときに正の値をとる（証明は章末に示す）．logの中が p_i と q_i の比なので，分布の差が大きいほど値が大きくなる．したがって，分布 P と Q の差異の大きさを示す指標になる．そういう意味から情報ダイバージェンスと呼ばれることもある．ただし，一般に $D(P\|Q) \neq D(Q\|P)$ であるので，幾何学的な距離の性質はもっていない．

これは一般化された情報量とみなすこともできる。なぜなら，ある情報源 $Q = \{q_1, ..., q_n\}$ があり，それがある情報を観測することによって $P = \{p_1, ..., p_n\}$ に変化すると，個々の事象ごとに増加した情報量は，

$$-\log q_i - (-\log p_i) = \log \frac{p_i}{q_i}$$

となる。したがって，情報を観測した後の確率分布を用いてこの情報量の期待値を求めると

$$\sum_{i=1}^{n} p_i \log \frac{p_i}{q_i}$$

となり，$D(P \| Q)$ の定義が得られる。この意味については，改めて第7章のベイズの定理で扱う。

　ここで，Q を一様分布としよう。一様分布はその事象についていっさいの情報がない状態を表す。すなわち，

$$q_1 = \cdots = q_n = \frac{1}{n}$$

である。
すると，その場合のカルバック・ライブラー情報量 $D(P \| Q)$ は，

$$D(P \| Q) = \sum_{i=1}^{n} p_i (\log n + \log p_i)$$

$$= \log n \sum_{i=1}^{n} p_i + \sum_{i=1}^{n} p_i \log p_i$$

$$= \log n - H(P)$$

となる。
　ここで，2つの事象しか起きない場合を考え，上式を図に表すと図6-5のようになる。これは図6-1の天地をさかさまにしたものである。同様に，3事象のときにも，図6-2の天地をさかさまにしたものになる。

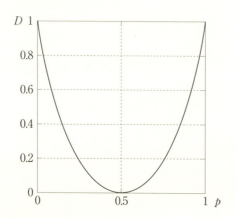

図6-5　一様分布からの2項カルバック・ライブラー情報量

　すなわち，一様分布からの $D(P\|Q)$ は，不確定さが増加したときに値が増加するか減少するかの関係が逆になっているだけで，エントロピー H と本質的な違いはない。

　これより，これまでエントロピーの意味づけとして「不確定さ」と呼んでいたものが，実は一様分布との差異の小ささ（一様分布への近さ）を示すものであったことが明らかになり，さらに，カルバック・ライブラー情報量 $D(P\|Q)$ はエントロピー H を一般化したものと位置づけられることがわかる。

　さらに，章末の証明により，カルバック・ライブラー情報量 $D(P\|Q)$ は非負であるので，$\log n - H(P) \geq 0$ であり，エントロピーの最大値が $\log n$ となることも示される。

演習問題

【問題】

6.1 事象の数が n である一様分布のエントロピーが一般に $\log n$ となることを証明せよ。

6.2 (例題 5.1) のマンションにおいて，先に何号室かを知り，次に何階かを知る場合で，エントロピーの分枝分解性が成り立っていることを確認せよ。

6.3 相互情報量 $I(Y;X)$，エントロピー $H(X), H(Y)$，条件付きエントロピー $H(X|Y)$，同時エントロピー $H(X \cap Y)$ の間に次の関係が成り立つことを確かめよ。

$$I(Y;X) = H(X) + H(Y) - H(X \cap Y)$$
$$I(Y;X) = H(X) - H(X|Y)$$
$$H(X \cap Y) = H(X|Y) + H(Y|X) + I(X;Y)$$

〈付録：$D(P \| Q) \geq 0$ の証明〉

対数には一般に $\log_e x \leq x-1$ という性質があるので $D(P \| Q)$ を

$$\sum_{i=1}^{n} p_i \log \frac{p_i}{q_i} = -\frac{1}{\log_e 2} \sum_{i=1}^{n} p_i \log_e \frac{q_i}{p_i}$$

と変形すると，

$$-\frac{1}{\log_e 2} \sum_{i=1}^{n} p_i \log_e \frac{q_i}{p_i} \geq \frac{1}{\log_e 2} \sum_{i=1}^{n} p_i \left(1 - \frac{q_i}{p_i}\right)$$

$$\text{右辺} = \frac{1}{\log_e 2} \sum_{i=1}^{n} (p_i - q_i)$$

$$= \frac{1}{\log_e 2}(\sum_{i=1}^{n} p_i - \sum_{i=1}^{n} q_i)$$

$$= 0$$

となり，$D(P \| Q) \geq 0$ となる。

|解答|

6.1 事象の数が n の一様分布の場合，どの事象の生起確率も $\frac{1}{n}$ となるので，そのエントロピーは

$$-\sum_{i=1}^{n} \frac{1}{n} \log \frac{1}{n} = \log n \cdot \frac{1}{n} \sum_{i=1}^{n} 1 = \log n$$

6.2 先に何号室かを知ることのエントロピー $H(Y)$ は

$$H(Y) = -\sum_{j=1}^{8} P(y_j) \log P(y_j)$$

$$= -4\frac{16}{120}\log\frac{16}{120} - 4\frac{14}{120}\log\frac{14}{120}$$

$$= 2.997$$

次に y_j 号室であることを知った後に何階かを知ることのエントロピーは

$$H(X|y_j) = -\sum_{i=1}^{16} P(x_i|y_j) \log P(x_i|y_j)$$

であり，これは $j=1,2,3,4$ のときに

$$-\sum_{i=1}^{16} \frac{1}{16}\log\frac{1}{16} = 4.000$$

$j=5,6,7,8$ のときに

$$-2\cdot 0 - 14\frac{1}{14}\log\frac{1}{14} = 3.807$$

となるので，条件付きエントロピー $H(X|Y)$ は

$$H(X|Y) = \sum_{j=1}^{8} P(y_j) H(X|y_i)$$

$$= 4\frac{16}{120}4 + 4\frac{14}{120}3.807$$

$$= 3.910$$

これより同時エントロピー $H(X\cap Y)$ は

$$H(X\cap Y) = H(Y) + H(X|Y)$$

$$= 2.997 + 3.910 = 6.907$$

6.3 まず，X と Y の対称性より，次の関係が成り立つ。

$$H(X \cap Y) = H(X) + H(Y|X)$$
$$= H(Y) + H(X|Y)$$
$$I(Y;X) = H(Y) - H(Y|X)$$
$$I(X;Y) = H(X) - H(X|Y)$$

これを用いて，

$$I(Y;X) = H(Y) - H(Y|X)$$
$$= H(Y) + H(X) - H(X \cap Y)$$
$$= H(X) - H(X|Y)$$

また，

$$H(X \cap Y) = H(X) + H(Y|X)$$
$$= I(X;Y) + H(X|Y) + H(Y|X)$$

引用文献

赤池弘『エントロピーを巡る混乱』数理科学，23(1)，p.53-57（1985 年）

7 | ベイズの定理

浅井紀久夫

《目標&ポイント》 ベイズの定理について学ぶ。ベイズの定理は，物事に対する予測の手段を提供するベイズ統計の基本であり，ある前提条件の下で出た結果に対して，逆に結果から前提条件を統計的に推定する。こうした統計的推定は，コンピュータの高速化によってさまざまな分野に応用されるようになり，メールの自動分類や製品の不良率予測などへの利用が広がっている。本章ではベイズの定理の基本を学び，その応用について知る。
《キーワード》 ベイズの定理，情報量，ベイズ更新，事前確率，事後確率，尤度

1. ベイズの定理[*1]

(1) 基本的なベイズの定理

ある事象 A が起こったという条件の下で事象 B が起こる確率は，A の下で B の起こる条件付き確率[*2]である。条件付き確率 $P(B|A)$ は，事象 A を全体としたとき，その中で事象 B が同時に起こる割合と考えることができる（図7-1）。これは，$P(A) \neq 0$ であれば，次式のように書くことができる。

$$P(B|A) = \frac{P(A \cap B)}{P(A)} \tag{7.1}$$

$P(A \cap B)$ は，事象 A と事象 B の同時確率である。両辺に $P(A)$ をかければ，次式が導かれる。

[*1] ここではわかりやすさを優先し，厳密性を犠牲にしている。詳細は，参考文献 [1] などを参照のこと。
[*2] 条件付き確率，この後出てくる同時確率，乗法定理については，第4章を参照のこと。

$$P(A \cap B) = P(A)P(B|A) \tag{7.2}$$

これは乗法定理である。ここで A と B を入れ換えると，次式を得る。

$$P(A \cap B) = P(B)P(A|B) \tag{7.3}$$

2つの式(7.2)，式(7.3)では $P(A \cap B)$ が共通であるので，次式が得られる。

$$P(A|B) = \frac{P(B|A)P(A)}{P(B)} \tag{7.4}$$

これが，基本的なベイズの定理である。

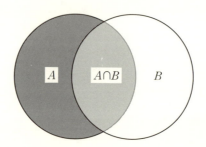

図7-1 事象 A と事象 B とその共通事象

（例題7.1）

　放送大学のある面接授業が終了したとき，教室の机の上に眼鏡の忘れ物が1つあった。この面接授業には情報コース所属の学生が20人，その他のコース所属の学生は30人参加していた。情報コース所属の学生で眼鏡をかけている人は16人，その他のコース所属の学生で眼鏡をかけている人は12人だった。この机の上に忘れられた眼鏡が情報コース所属の学生のものである確率を求めよ。

問題を整理すると，図7-2のようになる。情報コース所属である事

象を A,眼鏡をかけている事象を B とする。この面接授業に参加した学生が情報コースの所属である確率は $P(A) = \dfrac{20}{20+30} = \dfrac{2}{5}$ であり,情報コース所属の学生が眼鏡をかけている確率は $P(B|A) = \dfrac{16}{20} = \dfrac{4}{5}$ である。この面接授業に参加した学生が眼鏡をかけている確率は,$P(B) = \dfrac{16+12}{20+30} = \dfrac{14}{25}$ となる。式 (7.4) のベイズの定理から,以下を得る。

$$P(A|B) = \dfrac{\dfrac{4}{5} \times \dfrac{2}{5}}{\dfrac{14}{25}} = \dfrac{4}{7}$$

この結果は,ベイズの定理を用いなくても,図 7-2 から直接得られる。眼鏡をかけていた人は全部で 28 人で,そのうち情報コース所属の人は 16 人だから,机の上に忘れられた眼鏡が情報コース所属の学生のものである確率は $\dfrac{4}{7}$ となる。

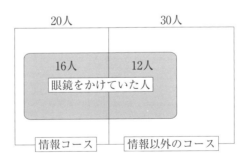

図 7-2 机の上の眼鏡の忘れ物

(2) ベイズの定理の一般化

n 個の事象 A_1, A_2, …, A_n が同時には起こりえず*3，かつ，すべての場合を含むとき*4，A_1, A_2, …, A_n の1つが生じたことによってある事象 B が引き起こされるとする。B が起きたとき，それが A_1, A_2, …, A_n の1つ A_i によって引き起こされる確率は，次式で表される。

$$P(A_i|B) = \frac{P(B|A_i)P(A_i)}{P(B|A_1)P(A_1)+P(B|A_2)P(A_2)+\ldots+P(B|A_n)P(A_n)}$$

$$= \frac{P(B|A_i)P(A_i)}{\sum_{j=1}^{n} P(B|A_j)P(A_j)} \tag{7.5}$$

これは，基本的なベイズの定理を一般化したものと考えられる。

(例題 7.2)

3つの壺 U1, U2, U3 の中に，赤と白の玉がたくさん入っている(図 7-3)。赤玉と白玉の割合はそれぞれ，2 対 1，1 対 1，1 対 3 である。今，3つの壺の中から玉を1つだけ取り出す。どの壺から取り出すかは自由であるが，どの壺から取り出したかはわからないものとする。取り出した玉が赤であったとき，その玉が壺 U1, U2, U3 それぞれから取り出されたものである確率を求めよ。

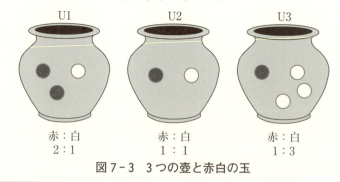

図7-3　3つの壺と赤白の玉

---

*3　互いに排反であるという。
*4　事象 A_1, A_2, …, A_n のうちのどれかが1つ必ず起こる。

壺 U1, U2, U3 から玉を取り出す事象をそれぞれ A_1, A_2, A_3 とする。玉がどの壺から取り出されるかはわからないので、壺 U1, U2, U3 から取り出される確率 $P(A_1)$, $P(A_2)$, $P(A_3)$ はそれぞれ等しいと設定して、以下のようにおく。

$$P(A_1) = P(A_2) = P(A_3) = \frac{1}{3}$$

このように「情報が与えられていなければ、確率は同等である」と考えることを、理由不十分の原則という。赤の玉が取り出された事象を $B_\text{赤}$ として、$B_\text{赤}$ の条件付き確率は取り出された壺によって異なり、

U1 から取り出された場合、$P(B_\text{赤}|A_1) = \dfrac{2}{3}$

U2 から取り出された場合、$P(B_\text{赤}|A_2) = \dfrac{1}{2}$

U3 から取り出された場合、$P(B_\text{赤}|A_3) = \dfrac{1}{4}$

となる。よって、赤い玉を取り出したとき、それが

壺 U1 からである確率は、$P(A_1|B_\text{赤}) = \dfrac{\frac{2}{3} \times \frac{1}{3}}{\frac{2}{3} \times \frac{1}{3} + \frac{1}{2} \times \frac{1}{3} + \frac{1}{4} \times \frac{1}{3}} = \dfrac{8}{17}$

壺 U2 からである確率は、$P(A_2|B_\text{赤}) = \dfrac{\frac{1}{2} \times \frac{1}{3}}{\frac{2}{3} \times \frac{1}{3} + \frac{1}{2} \times \frac{1}{3} + \frac{1}{4} \times \frac{1}{3}} = \dfrac{6}{17}$

壺 U3 からである確率は、$P(A_3|B_\text{赤}) = \dfrac{\frac{1}{4} \times \frac{1}{3}}{\frac{2}{3} \times \frac{1}{3} + \frac{1}{2} \times \frac{1}{3} + \frac{1}{4} \times \frac{1}{3}} = \dfrac{3}{17}$

となる。

2. 情報量との関連

確率と情報量との関係について考える。

(1)「壺の問題」における情報量

再び，(例題7.2) の壺の問題を考えよう。壺 U1, U2, U3 のどれかから取り出した玉が赤色であることがわかったとき，その壺の選択に関して得られる情報量を求める。

玉を取り出す前は，壺の選択に関する情報はない。そこで，理由不十分の原則から，壺選択の確率は壺 U1, U2, U3 それぞれに対して等しく，$P(A_1) = P(A_2) = P(A_3) = \frac{1}{3}$ とした。壺を選択する確率がどれも等しいことに対する情報量をエントロピーで表せば，式(6.1)を用いて次のように求められる[*5]。

$$H_0 = -\frac{1}{3}\log\frac{1}{3} - \frac{1}{3}\log\frac{1}{3} - \frac{1}{3}\log\frac{1}{3} = \log 3 \approx 1.585 \text{ [ビット]}$$

取り出した玉が赤色であったとき，壺の選択に関する確率は，(例題7.2) の結果から壺 U1, U2, U3 に対してそれぞれ $\frac{8}{17}, \frac{6}{17}, \frac{3}{17}$ である。これに対するエントロピーは，次のように求められる。

$$H_R = -\frac{8}{17}\log\frac{8}{17} - \frac{6}{17}\log\frac{6}{17} - \frac{3}{17}\log\frac{3}{17} \approx 1.484 \text{ [ビット]}$$

これは，H_0 よりも小さい。すなわち，玉が赤色であるという情報を得たことにより，壺の選択に関する情報の不確かさが減ったことになる。

[*5] log は底を 2 とする。

表7-1 壺の問題における確率と情報量

	確率			エントロピー
	壺 U1	壺 U2	壺 U3	
$P(A)$	$\frac{1}{3}$	$\frac{1}{3}$	$\frac{1}{3}$	1.585
$P(A\mid B_{赤})$	$\frac{8}{17}$	$\frac{6}{17}$	$\frac{3}{17}$	1.484

(2) 獲得した情報量

　もう一度，3つの壺の問題と情報量を整理してみよう（表7-1）。H_0 は事象 A（壺の選択）に対する無条件エントロピーであり，$H(A)=1.585$ であった。H_R は事象 $B_{赤}$（玉が赤色だった）のときの A に対する条件付きエントロピーであり，$H(A\mid B_{赤})=1.484$ であった。この無条件エントロピーと条件付きエントロピーとの差を取れば，

$$\Delta = H(A) - H(A\mid B_{赤}) = 0.101 \tag{7.6}$$

となる。これが，赤玉を一つ取り出したとき壺の選択に関して得られる情報量になる。エントロピーは不確かさの尺度を表すので，$H(A)$ は A の不確かさの量であり，$H(A\mid B_{赤})$ は $B_{赤}$ を知った後にも残る A の不確かさの量であると考えることができる。Δ は，$B_{赤}$ を知ったことによってもたらされた A の不確かさの減少量となる。

　実は，この Δ は第6章で扱ったカルバック・ライブラー情報量 $D(P(A\mid B_{赤}) \parallel P(A))$ になっている。式(6.12)において確率分布 P を $P(A\mid B_{赤})=\left\{p_1=\frac{8}{17}, p_2=\frac{6}{17}, p_3=\frac{3}{17}\right\}$ とおき，Q を $P(A)=\left\{q_1=\frac{1}{3}, q_2=\frac{1}{3}, q_3=\frac{1}{3}\right\}$ とおけば，

$$D(P(A|B_\text{赤}) \| P(A)) = \sum_{i=1}^{3} p_i \log \frac{p_i}{q_i}$$

$$= \frac{8}{17}\log\frac{\frac{8}{17}}{\frac{1}{3}} + \frac{6}{17}\log\frac{\frac{6}{17}}{\frac{1}{3}} + \frac{3}{17}\log\frac{\frac{3}{17}}{\frac{1}{3}} \approx 0.101 \tag{7.7}$$

を得る．カルバック・ライブラー情報量は，事象 A（壺の選択）に関して事象 $B_\text{赤}$（赤玉が出た）の情報から得られる情報量の平均値を表していることになる．

3. ベイズの定理の応用

(1) ベイズ更新

ベイズの定理において，n 個の事象 A_1, A_2, $\cdots$, A_n を原因（あるいは仮定）E_1, E_2, $\cdots$, E_n とし，事象 B を結果（あるいは観測値）D と解釈すれば，式(7.5)は次のように書き換えられる．

$$P(E_i|D) = \frac{P(D|E_i)P(E_i)}{\sum_{j=1}^{n} P(D|E_j)P(E_j)} \tag{7.8}$$

$P(E_i|D)$ は，結果 D が得られたとき，その原因が E_i である確率を表す．式(7.8)は，この確率 $P(E_i|D)$ に，原因 E_i が起きたとき結果 D が起きる確率を対応づける．重要な点は，ベイズの定理を用いれば，観測した結果から，その結果を引き起こした原因の確率を求めることができることである．

式(7.8)右辺の分子にある $P(D|E_i)$ は，原因 E_i の下で結果 D が起こる「尤もらしさ」*6 を表すため，原因 E_i についての尤度と呼ばれる．$P(E_i)$ は，結果が得られる前の確率という意味で，事前確率と呼ばれる．$P(E_i|D)$ は結果 D が得られたという条件の下での原因 E_i の確率であ

---

*6 確率と言いたいが，実際に結果 D を観測した後では，もはや確率とは言えなくなる．むしろ，E_i に関する情報を与えている．

り，事後確率*7 と呼ばれる。

> （例題 7.3）
> ある製品の不良品が出回っていることがわかった。この製品は 3 つの機械 V1, V2, V3 のいずれかで作られている。機械 V1, V2, V3 を調べてみると，不良品の出る割合（不良率）が，V1 で 12%，V2 で 4%，V3 で 2% であることがわかった。生産工場にはこの 3 つの機械のうち 1 台が設置されているが，どの機械なのかわからなくなっている。この生産工場の機械で作られた製品を無作為に 1 つ取り出して不良品だったとき，それが機械 V1, V2, V3 で作られた確率を求めよ。

問題を整理するため，それぞれの事象を次のように定義する。

E_1：機械 V1 から製品が作られる
E_2：機械 V2 から製品が作られる
E_3：機械 V3 から製品が作られる
D：取り出した製品が不良品である

尤度は，E_1 に対して $P(D|E_1) = 0.12$，E_2 に対して $P(D|E_2) = 0.04$，E_3 に対して $P(D|E_3) = 0.02$ である。また，製品がどの機械で作られたかはわからないので，事前確率 $P(E_1)$，$P(E_2)$，$P(E_3)$ を次のように等確率に置く。

$$P(E_1) = P(E_2) = P(E_3) = \frac{1}{3}$$

製品を 1 つ取り出して不良品だったとき，それが機械 V1, V2, V3 で作られた確率は，事後確率としてベイズの定理を用いて次のように求められる。

---

*7 結果 D が得られたときの原因 E_i を後から考えている。逆確率，原因の確率とも呼ばれる。

$$P(E_1|D) = \frac{0.12 \times \frac{1}{3}}{0.12 \times \frac{1}{3} + 0.04 \times \frac{1}{3} + 0.02 \times \frac{1}{3}} = \frac{2}{3}$$

$$P(E_2|D) = \frac{0.04 \times \frac{1}{3}}{0.12 \times \frac{1}{3} + 0.04 \times \frac{1}{3} + 0.02 \times \frac{1}{3}} = \frac{2}{9}$$

$$P(E_3|D) = \frac{0.02 \times \frac{1}{3}}{0.12 \times \frac{1}{3} + 0.04 \times \frac{1}{3} + 0.02 \times \frac{1}{3}} = \frac{1}{9}$$

この例は，本質的に（例題7.2）の「壺の問題」と同じである．壺を機械に，玉を製品に置き換えて考えればよい．

さて，ここで，もう1つ製品を取り出したら，またしても不良品だったとき，それが機械V1，V2，V3で作られた確率を考えよう．同様にして，次のように求められる．

$$P(E_1|D) = \frac{0.12 \times \frac{2}{3}}{0.12 \times \frac{2}{3} + 0.04 \times \frac{2}{9} + 0.02 \times \frac{1}{9}} = \frac{36}{41} \quad (7.9)$$

$$P(E_2|D) = \frac{0.04 \times \frac{2}{9}}{0.12 \times \frac{2}{3} + 0.04 \times \frac{2}{9} + 0.02 \times \frac{1}{9}} = \frac{4}{41} \quad (7.10)$$

$$P(E_3|D) = \frac{0.02 \times \frac{1}{9}}{0.12 \times \frac{2}{3} + 0.04 \times \frac{2}{9} + 0.02 \times \frac{1}{9}} = \frac{1}{41} \quad (7.11)$$

重要な点は，1回目の事後確率を，2回目の計算をする際の新たな事前確率（式(7.9)，式(7.10)，式(7.11)の網掛け部分）として利用していることである．この考え方は，ベイズ更新と呼ばれる（図7-4）．

図7-4 ベイズ更新

そして,さらに製品をもう1つ取り出したら,今度は不良品ではなかった。この製品が機械V1,V2,V3で作られた確率は,同様にして次のように求められる。

$$P(E_1|\overline{D}) = \frac{1584}{1825},\ P(E_2|\overline{D}) = \frac{192}{1825},\ P(E_3|\overline{D}) = \frac{49}{1825}$$

事前確率として式(7.9),式(7.10),式(7.11)で求めた事後確率を利用し,尤度には(1-不良率)を用いていることに注意する。表7-2に,機械V1,V2,V3で作られた確率の推移を示す。最初は,機械V1,V2,V3で作られた確率はそれぞれ等しかったが,不良品,不良品,良品が取り出されたことで,これらの確率が変化している*8。

表7-2 機械V1,V2,V3から作られた確率

検査回数	V1	V2	V3
取り出す前	$\frac{1}{3}$	$\frac{1}{3}$	$\frac{1}{3}$
1回目不良品	$\frac{2}{3}$	$\frac{2}{9}$	$\frac{1}{9}$
2回目不良品	$\frac{36}{41}$	$\frac{4}{41}$	$\frac{1}{41}$
3回目良品	$\frac{1584}{1825}$	$\frac{192}{1825}$	$\frac{49}{1825}$

*8 伝統的統計学では,確率の定義を,標本の抽出を無限に繰り返して,その頻度が極限に到達する値としている(標本理論に基づく確率,経験的確率,頻度論的確率)。一方,ベイズ統計学では,信ずる度合いを表した確信度として定義され(主観確率),確率が状況に応じて変化する。詳細は参考文献[2]等を参照のこと。

ここでは，3つ取り出した製品は機械 V1 で作られた可能性が高いという結果を得た．3回目に良品が取り出されたことから，機械 V2 および V3 で作られた確率が増えているものの，2回連続して不良品が取り出されたことから，機械 V1 で作られた確率は高くなっている．しかし，製品の不良率はたかだか V1 で 12％，V2 で 4％，V3 で 2％ であり，製品を3回取り出して不良品が連続2つ，その後，良品が1つ取り出された結果は本当に正しいだろうか．そこで，製品を 100 個取り出して確かめてみた．図 7-5 に，製品を取り出した回数に対する機械 V1 で作られた確率の推移を示した．×を記したところで，不良品を検出した[*9]．図 7-5 を見ると，不良品を検出したところで確率が上昇し，機械 V1 で作られた可能性が高くなっていることがわかる．

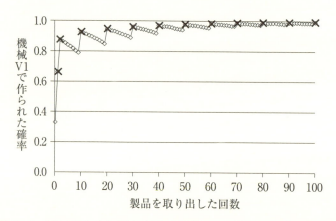

図 7-5　取り出した回数に対する機械 V1 で作られた確率の推移

（2）単純ベイズ分類[*10]

ベイズの定理は，受信した電子メールを自動分類したりインターネット上の Web ページを自動分類したりすることにも利用される．電子メー

---

*9　製品を 100 個取り出して不良品が 12 個だから，結果は妥当と考えられる．
*10　ナイーブベイズ分類と呼ばれることもある．

ルを利用するときに，迷惑メールに頭を悩ませている方も多いだろう。受信した電子メールが迷惑メールか，そうでないかを自動判別できれば有り難い。ベイズの定理の応用として，電子メールの自動分類の単純な場合を考えよう。

　迷惑メールを見ると，ある特定の単語が頻繁に使われている。そのような単語が出現すれば，その電子メールは迷惑メールである可能性が高いと考えられる。そこで，迷惑メールとそうでないメールについてその中に含まれる単語を調べておいて，将来受信するメールが迷惑メールか，そうでないメールか，区別しようというわけである。

> （例題 7.4）
> 　迷惑メールとそうでないメールについて調べてみると，3つの単語「出会い」「学習」「知能」が含まれている確率[*11]は表7-3のようになっていた。あるとき受け取った電子メールには，出会い，学習，知能という単語が一つずつ含まれていた。この電子メールは迷惑メールと判定すべきか，それとも迷惑メールではないと判定すべきか。

表7-3　メールに単語「出会い」「学習」「知能」が含まれる確率

単語	迷惑メール	迷惑でないメール
出会い	0.60	0.10
学習	0.15	0.30
知能	0.05	0.20

受信メールが迷惑メールであるという事象を E_1，迷惑メールではないという事象を E_2 とおく。受信メールに「出会い」が含まれていたと

---

*11　尤度に当たる。膨大な量のメールを調べたと仮定している。

いう事象を D_1, 「学習」が含まれていた事象を D_2, 「知能」が含まれていた事象を D_3 とおく.

式(7.8)から, 事象 D_k ($k = 1, 2, 3$) が起きたとき, 事象 E_i ($i = 1, 2$) が起きる確率は, 次式で表される.

$$P(E_i | D_k) = \frac{P(D_k | E_i) P(E_i)}{\sum_{j=1}^{2} P(D_k | E_j) P(E_j)} \tag{7.12}$$

$P(E_i)$ は事前確率であり, 迷惑メールを受信する確率は $P(E_1)$, 迷惑でないメールを受け取る確率は $P(E_2)$ である. $P(D_k | E_i)$ は尤度であり, 例えば, 迷惑メールを受け取ったとき, その中に「出会い」が含まれている確率は $P(D_1 | E_1)$ である.

各単語 ($k = 1, 2, 3$) が現れたとき, 事後分布 $P(E_i | D_k)$ がどうなるかが問題である. 式(7.12)では, k が与えられれば, 分母は共通なので, 以下のように表される*12.

$$P(E_i | D_k) \propto P(D_k | E_i) P(E_i) \tag{7.13}$$

ここで, $\propto$ は比例することを表す. 事後確率を求めるには, 尤度と事前確率があればよいということである. 尤度は, 表7-3に与えられている. 事前分布に関する情報は与えられていない(受信メールについて, 迷惑メールとそうでないメールの割合はわからない)ので, 理由不十分の原則から迷惑メールの確率とそうでないメールの確率を等しいとおく.

受信メールに「出会い」があれば, 迷惑メールである確率 $P(E_1 | D_1)$ と迷惑メールでない確率 $P(E_2 | D_1)$ の比は

$$P(E_1 | D_1) : P(E_2 | D_1) = P(D_1 | E_1) P(E_1) : P(D_1 | E_2) P(E_2)$$
$$= 0.60 \times 0.5 : 0.10 \times 0.5$$

---

*12 この省略は, 実際上都合がよい. (例題7.4) の場合, 考慮した単語はたかだか3つである. しかし, 日本語辞典には単語が10万語以上収録されており, 考慮すべき単語の数は膨大になると予想される. これらの単語を全て含む分母の計算を行うことは煩雑である.

となる．同様にして，「学習」があれば，
$$P(E_1|D_2) : P(E_2|D_2) = P(D_2|E_1)P(E_1) : P(D_2|E_2)P(E_2)$$
$$= 0.15 \times 0.5 : 0.30 \times 0.5$$
となり，「知能」があれば，
$$P(E_1|D_3) : P(E_2|D_3) = P(D_3|E_1)P(E_1) : P(D_3|E_2)P(E_2)$$
$$= 0.05 \times 0.5 : 0.20 \times 0.5$$
となる．単語の出現確率について独立を仮定[13]し，3つの単語「出会い」「学習」「知能」が含まれる同時確率はそれぞれの確率の積になる．迷惑メールである確率と迷惑メールでない確率の比は，

$$\frac{迷惑メールである確率}{迷惑メールでない確率} = \frac{(0.60 \times 0.5)(0.15 \times 0.5)(0.05 \times 0.5)}{(0.10 \times 0.5)(0.30 \times 0.5)(0.20 \times 0.5)}$$

$$= \frac{3}{4} < 1$$

と求められる[14]．したがって，迷惑メールではない確率の方が高いので，迷惑メールと判定すべきではない[15]．

---

[13] 実際には，単語の間には相関がある．例えば，「ベイズ」という単語が出現すれば，「定理」という単語が出現する確率は高いと予想される．単純ベイズ分類では，独立を仮定することで単純化している．

[14] （例題 7.4）では，暗黙の内に未知の単語は出現しないと仮定している．しかし，実際上の問題として，未知の単語も出現するだろう．その場合，尤度が 0 になる．単語の数は膨大なので，事後確率を計算するときに対数を使うことがあり，尤度が 0 だと $\log 0$ となって都合が悪い．そこで，0 を避ける補正が行われる．

[15] 実際の迷惑メールの判定では，精度良く分類するための工夫（受信したメールにおける他の情報を使うなど）が施されている．

演習問題

【問題】

7.1 病気を診断するための検査を行う。病気にかかっている人を検査すると，97% の確率で陽性と判定される。一方，病気にかかっていない人を検査しても，6% の確率で陽性と判定されてしまう。病気にかかっている人と病気にかかっていない人の割合はそれぞれ，2%, 98% であることがわかっている。今，無作為に抽出された一人を検査して，陽性結果が出たとき，この人が本当に病気にかかっている確率はいくらか。

7.2 (例題 7.2) の壺の問題において，赤玉ではなく白玉が出たことを知ったとき得られる情報量を，カルバック・ライブラー情報量から求めよ。

[解答]

7.1 問題を整理すると，図 7-A のようになる。病気にかかっている事象を A，病気にかかっていない事象を $\overline{A}$，陽性結果が出る事象を B とする。陽性結果が出たとき，その人が病気にかかっている確率 $P(A|B)$ は，ベイズの定理により

$$P(A|B) = \frac{P(B|A)P(A)}{P(B|A)P(A) + P(B|\overline{A})P(\overline{A})}$$

$$= \frac{\frac{97}{100} \times \frac{2}{100}}{\frac{97}{100} \times \frac{2}{100} + \frac{6}{100} \times \frac{98}{100}} \approx 25\%$$

となる。この問題では，陽性結果が条件であることに注目しよう。

図7-A 病気を診断する検査

7.2 カルバック・ライブラー情報量 $D(P(A|B_白) \| P(A))$ は,式(6.12) において P を $P(A|B_白) = \left\{ p_1 = \dfrac{4}{19}, p_2 = \dfrac{6}{19}, p_3 = \dfrac{9}{19} \right\}$, Q を $P(A) = \left\{ q_1 = \dfrac{1}{3}, q_2 = \dfrac{1}{3}, q_3 = \dfrac{1}{3} \right\}$ として,

$$D(P(A|B_白) \| P(A)) = \sum_{i=1}^{3} p_i \log \frac{p_i}{q_i}$$

$$= \frac{4}{19} \log \frac{\frac{4}{19}}{\frac{1}{3}} + \frac{6}{19} \log \frac{\frac{6}{19}}{\frac{1}{3}} + \frac{9}{19} \log \frac{\frac{9}{19}}{\frac{1}{3}} \approx 0.076$$

を得る。

参考文献

[1] 繁桝算男『ベイズ統計入門』(東京大学出版会, 1985年)
[2] 東京大学教養学部統計学教室編『統計学入門』(東京大学出版会, 1991年)

8 | 通信のモデル

浅井紀久夫

《**目標&ポイント**》 情報を伝達する通信のモデルについて学ぶ。情報をある場所から別の場所に伝達する場合，情報伝達の基本モデルは，情報源，符号器，通信路，復号器，到達先から構成される。この基本モデルを用いて構成要素の役割を考えると共に，通信路を通して伝送される伝送情報量とその最大値としての通信路容量の概念を理解する。また，情報源の統計的表現を導入し，情報源の性質について知る。
《**キーワード**》 通信モデル，符号，通信路，情報源，通信路線図，伝送情報量，通信路容量，記憶のない情報源，マルコフ情報源，状態遷移図

1. 通信モデル

（1）情報伝達のモデル化

情報を伝達する場合，情報を送る送信者と情報を受け取る受信者がいる。送信者が情報を送信し，その情報を受信者が受け取るとき，情報は図8-1のように情報伝達メディアを通して伝達される。情報伝達メディアとして，有線であればケーブルが，無線であれば空間が，記録媒体であれば半導体メモリなどが利用される。

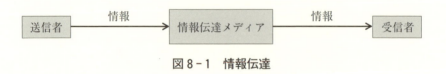

図8-1 情報伝達

情報理論では，送信者が誰で，どこにいるか，何を送るかは問題ではなく，送信者がどんな特性の情報を送るかが問題である[*1]。また，情報が，どの情報伝達メディアでどの経路をたどって受信者に届けられるかも問題ではなく，どんな特性の情報伝達メディアかが問題である[*2]。そこで，表8-1のように，送信者を情報源，受信者を到達先[*3]，情報伝達メディアを通信路と置き換える。ここでは，情報源や通信路が何であるかを具体的に想定する必要はなく，情報は情報源から発生したものだと考え，情報が到達先に届けられれば，その途中で通信路を通過したと考える。そして，通信に含まれる情報を確率的性質に基づいて定量化し，情報伝達を抽象化して通信モデルとして取り扱う。

表8-1　情報伝達の通信モデルへの置き換え

送信者	→	情報源
情報伝達メディア	→	通信路
受信者	→	到達先

　通信では，情報源が発生した情報を到達先が正しく受け取ることが主な目的である。情報源は，情報を発生する源である。この情報には，数字，文字，記号からなる離散的信号が含まれる。情報はそのままの形で通信路を通ることは稀であり，何らかの符号系列に変換され通信路に送り出される[*4]。この操作が，符号器で行われる符号化である。そして，

[*1] 例えば，1,2,3,4,5,... というような正の整数が順に並んでいれば，最初の数字を指定するだけで，後の並び順はわかる。しかし，てんでバラバラの数字が並んでいれば，1つ1つ送らなければならない。

[*2] 例えば，伝達の途中で損失や誤りが発生するのか否かである。また，誤りが発生するならば，どのような頻度で発生するのかが情報伝達にとって重要となる。

[*3] あて先，受信者などと呼ばれることもある。

[*4] 例えば，通信路には電気的に2値の信号となって送出されることが多いので，0と1の符号系列に変換される。

到達先が情報を受け取るためには，符号系列から情報への逆変換が必要になる。この逆変換の操作は，復号と呼ばれる*5。復号は，復号器で行われる。このような通信モデルは，図8-2のように表される。

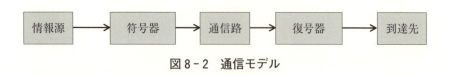

図8-2　通信モデル

電気信号が送られるとき，途中の通信路で雑音を受けることがある。例えば，携帯端末が発した電波が基地局に送られる際，この電波と関係のない電波がどこかから飛んできて，一緒に基地局に受信されてしまうようなときに発生する。この雑音の発生源を，雑音源という。このとき，通信路に送られた符号系列が，別の符号系列として誤って受信されることになる。このように，通信路の雑音によって誤りが混入する場合の通信モデルは，図8-3のように表される。

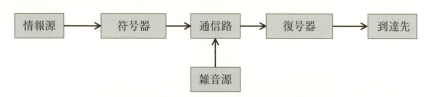

図8-3　通信路に誤りがある場合の通信モデル

(2) 通信路モデル

通信路のモデルについて考えよう。誤りのある通信路では誤りが確率的に発生すると考え，通信路に送られる送信符号と通信路から出てきた受信符号の関係は確率的に記述される。例えば，M 個の送信符号の集

---

*5　符号化に対応して復号化と呼ばれる場合もある。

合を $A = \{a_1, a_2, ..., a_M\}$，$N$ 個の受信符号の集合を $B = \{b_1, b_2, ..., b_N\}$ とすれば，通信の過程で符号が誤る（別の符号になった）可能性もあるので，一般には $M \leq N$ であり，符号 $a_1, a_2, ..., a_M$ は符号 $b_1, b_2, ..., b_N$ の中のどれかであり，確率的に決まる。この確率は，a_i が起こった（符号 a_i を送信した）とき，b_j が起きる（符号 b_j を受信する）条件付き確率 $P(b_j | a_i)$ として与えられる*6。したがって，すべての i, j に関する条件付き確率 $P(b_j | a_i)$ が与えられれば，通信路の統計的性質が決定できる。ここで，$P(b_1 | a_i) + P(b_2 | a_i) + ... + P(b_N | a_i) = 1$ $(i = 1, 2, ..., M)$ である。送信符号と受信符号の関係は，図8-4のような通信路線図で表される。

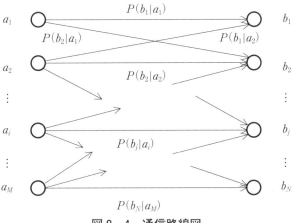

図8-4　通信路線図

送信符号 $A = \{0, 1\}$，受信符号 $B = \{0, 1\}$ で構成され，符号0および1が正しく受信される確率は $1-p$ で，符号0が1に，1が0に変わる確率が p である通信路は，ビット誤り率（符号が誤って受信される確率）

---

*6　このような通信路は記憶のない通信路と呼ばれる。ある時刻の受信符号が，その時刻の送信符号のみに依存し，それ以外の時刻での送信符号には依存しない。

p の 2 元対称通信路と呼ばれる。ここで，$0 \leq p \leq 1$ である。図 8-5 に，2 元対称通信路の通信路線図を示した。

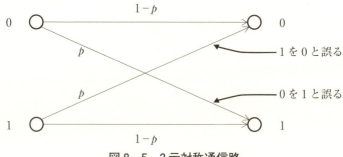

図 8-5　2 元対称通信路

送信符号が $A = \{0,1\}$ で，受信符号が消失符号 X を含む $B = \{0,1,X\}$ から構成されるとき，この通信路を 2 元対称消失通信路という。消失符号 X は，伝送中に符号が損失したり，判定不能な符号として受信されたりすることに相当する。図 8-6 に，2 元対称消失通信路の通信路線図を示す。ここで，q は符号 0 および 1 がそれぞれ消失符号 X に変わる確率である。また，$0 \leq p+q \leq 1$ である。

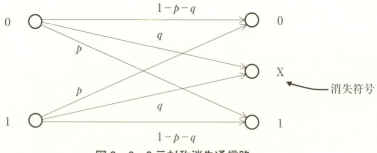

図 8-6　2 元対称消失通信路

2. 誤りのある通信路

(1) 伝送情報量

　誤りのある通信路を通して伝送される情報量について考えよう[*7]。到達先から眺めれば，通信路を通して送られる情報は，到達先で受信した記号系列を受け取ることによって得られる，情報源が発生した記号系列である[*8]。つまり，到達先で得られた情報量は，到達先で受信記号を受信して得られた情報源記号に関する情報量となる。実は，この情報量は，第6章で扱った相互情報量に相当するものである。相互情報量は，情報源記号Aのエントロピーを$H(A)$とし，受信記号Bを知ったときの情報源記号Aの条件付きエントロピーを$H(A|B)$として，次式のように表される。

$$I(A;B) = H(A) - H(A|B) \tag{8.1}$$

通信を考える場合，相互情報量は通信路を通して伝送される情報量になっているので，伝送情報量と呼ばれる。

　エントロピーは，情報の不確かさを表す指標であった。$H(A)$は受信記号を受け取る前の情報源記号Aに関する不確かさ，$H(A|B)$は受信記号Bを受け取った後にも残る情報源記号Aに関する不確かさを表す。エントロピーに基づいて考えれば，$H(A)$と$H(A|B)$との差は到達先で受信記号Bを受け取ることによって減らした，情報源記号Aに関する不確かさの量であり，これはまさに到達先でBを受信して得られたAに関する情報量である。この状況を模式的に表せば，図8-7のようになる。

　$H(A|B)$は受信記号Bを受け取った後でも未だ残る情報源記号Aに関する不確かさであるので，あいまい度と呼ばれる。これは，受信記号Bを受け取ることによって情報源記号Aに関する情報を得たが，そ

[*7] ここでは，通信路に誤りのある通信モデルを考え，到達先で受信した記号系列にも誤りが含まれることを想定している。

[*8] 記憶のない情報源を考えている。記憶のない情報源については，3. (2) を参照のこと。

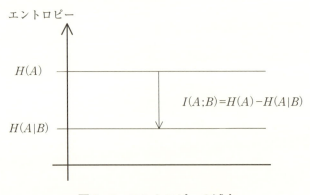

図8-7 エントロピーの減少

の情報は通信路で誤った可能性があり，不確かさを含んでいることを意味している。一方，A と B を入れ換えると，$H(B|A)$ となる。これは，情報源記号 A を送った後の受信記号 B に関する不確かさである。つまり，情報源から到達先に伝送される記号は雑音のため途中で誤る可能性があり，到達先では $H(B|A)$ だけの（間違った）記号に分散して情報を誤る範囲を示す量となる。これは，散布度と呼ばれる。図8-8に，情報源記号と受信記号との関係におけるあいまい度と散布度の概念を示す。

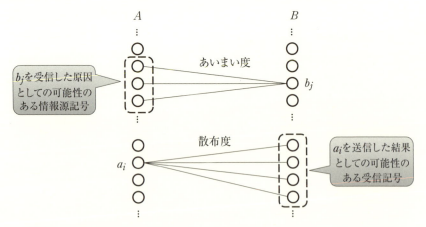

図8-8 情報源記号と受信記号との関係におけるあいまい度と散布度

（2）通信路容量

式(8.1)の伝送情報量は，エントロピーの定義式(6.1)および式(6.7)の途中の式を用いれば，次式のように確率表現で記述できる*9。

$$
\begin{aligned}
I(A;B) &= H(A) - H(A|B) \\
&= -\sum_{i=1}^{M} P(a_i) \log P(a_i) \\
&\quad - \left\{ -\sum_{j=1}^{N}\sum_{i=1}^{M} P(a_i \cap b_j) \log P(a_i|b_j) \right\} \\
&= -\sum_{i=1}^{M}\sum_{j=1}^{N} P(a_i \cap b_j) \log P(a_i) \\
&\quad + \sum_{i=1}^{M}\sum_{j=1}^{N} P(a_i \cap b_j) \log P(a_i|b_j) \\
&= \sum_{i=1}^{M}\sum_{j=1}^{N} P(a_i \cap b_j) \log \frac{P(a_i|b_j)}{P(a_i)} \\
&= \sum_{i=1}^{M}\sum_{j=1}^{N} P(a_i \cap b_j) \log \frac{P(a_i \cap b_j)}{P(a_i)P(b_j)} \\
&= \sum_{i=1}^{M} P(a_i) \sum_{j=1}^{N} P(b_j|a_i) \log \frac{P(b_j|a_i)}{\sum_{k=1}^{M} P(a_k)P(b_j|a_k)}
\end{aligned}
\tag{8.2}
$$

ここで，M および N は，それぞれ情報源記号の個数および受信記号の個数を表す。$P(b_j|a_i)$ は，情報源記号 a_i が受信記号 b_j として受信される確率で，通信路の雑音に関する性質を表す。そのため，通信路に固有であり，通信路が与えられれば決まってしまう。この式(8.2)によれば，伝送情報量 $I(A;B)$ は，情報源記号が生起する確率 $P(a_i)$ だけに依存する。つまり，$P(a_i)$ を適当に変化させれば，伝送情報量を最大にすることができる。伝送情報量の最大値は次式で与えられ，通信路容量

---

*9 $P(a_i) = \sum_{j=1}^{N} P(a_i \cap b_j)$ および $P(b_j) = \sum_{k=1}^{M} P(a_k \cap b_j) = \sum_{k=1}^{M} P(a_k)P(b_j|a_k)$ を用いている。なお，log は底を 2 とする。

と呼ばれる*10。

$$J = \max_{P(a_i)} I(A;B) \quad [\text{ビット/記号}] \tag{8.3}$$

ここで，max は $P(a_i)$ を変化させて，$I(A;B)$ の最大値を求めることを意味する。通信路容量は，その通信路を通して伝送できる最大の情報量であり，通信路の情報伝送能力を示す。

> （例題8.1）
> 図8-5のような2元対称通信路の通信路容量を求めよ*11。

情報源記号の集合を $A=\{a_1,a_2\}$ として，記号 a_1, a_2 の生起確率をそれぞれ $P(a_1)=\alpha$, $P(a_2)=1-\alpha$ とする。受信記号の集合を $B=\{b_1,b_2\}$ として，記号 b_1 および b_2 が受信される確率はそれぞれ

$$P(b_1) = \alpha(1-p)+(1-\alpha)p \tag{8.4}$$
$$P(b_2) = \alpha p+(1-\alpha)(1-p) \tag{8.5}$$

である。p はビット誤り率である。したがって，到達先の受信記号 B のエントロピーは，式(6.1)から

$$H(B) = -P(b_1)\log P(b_1)-P(b_2)\log P(b_2) \tag{8.6}$$

となる。情報源記号 A が受信記号 B として受信される条件付きエントロピーは，式(6.7)の2行目から

$$\begin{aligned}H(B|A) &= -\sum_{i=1}^{2} P(a_i)\sum_{j=1}^{2} P(b_j|a_i)\log P(b_j|a_i) \\ &= -p\log p-(1-p)\log(1-p)\end{aligned} \tag{8.7}$$

を得る。結局，$H(B|A)$ は情報源記号の生起確率 α に無関係であり，伝送情報量に対して定数とみなせる。したがって，通信路容量は次式となる*12。

---

*10 エントロピーは1記号あたりの平均の情報量であり，「記号あたり」であることを強調するために，単位を[ビット/記号]としている。
*11 式(8.3)を利用して求めることもできるが，伝送情報量の最大値の算出が複雑である。
*12 相互情報量 $I(A;B)$ は，A と B について対称である。

$$J = \max_{\alpha}\{H(B) - H(B|A)\}$$
$$= \max_{\alpha}\{H(B)\} - H(B|A) \tag{8.8}$$

エントロピーの性質*13から $H(B)$ の最大値は1であり，このとき $P(b_1) = P(b_2) = \frac{1}{2}$ である．したがって，通信路容量は

$$J = 1 + p\log p + (1-p)\log(1-p) \quad [\text{ビット／記号}] \tag{8.9}$$

となる．図8-9に，ビット誤り率 p と通信路容量 J との関係を示す．

図8-9から，通信路容量は，$p = \frac{1}{2}$ のとき最小値を取り，$p = 0$ もしくは $p = 1$ のとき最大値を取ることがわかる．通信路容量の最大値が1であることは，通信路容量は，通信路が伝送する情報量（の期待値）を，記号当たりの情報量1ビットを基準にして測ったものであることを示している．

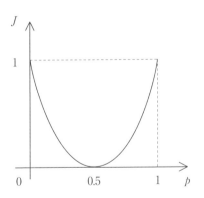

図8-9 ビット誤り率に対する通信路容量

$I(A;B)$ は，1記号当たりの伝送情報量［ビット／記号］を表す．単位

---

*13 r 個の記号から構成される情報源エントロピーは，最大値 $\log_2 r$ を取る．このとき，各記号の生起確率は等しい（等確率）．例えば，$r = 2$ ならば，最大値は1である．このとき，各記号の生起確率は $\frac{1}{2}$ である．

時間当たりの伝送情報量は，情報伝送速度と呼ばれる。1記号当たりの平均伝送時間を T ［秒／記号］とすれば，情報伝送速度 R は次式で表される。

$$R = \frac{I(A;B)}{T} \quad [\text{ビット／秒}] \tag{8.10}$$

雑音が混入する通信路では，情報源から到達先に伝送される記号に誤りが生じる。通信路容量は，この誤りの発生確率に応じて伝送できる情報量の上限を与えた。誤りが発生する通信路では，情報が正しく伝送できるようにする必要がある。ただし，単に正しく伝送するだけでよければ，記号を繰り返し何度でも送ればよい。しかし，これでは情報伝送速度はゼロに近づいていく。シャノン[*14]は，以下に示すように，誤り確率をいくらでも小さくできて，情報伝送速度は有限値を保持できることを示した[1]。

通信路符号化定理

通信路容量 J の通信路[*15]において，伝送速度 R が $R < J$ ならば，誤り確率を限りなく小さくする符号化を構成する符号が存在する。しかし，$R > J$ であれば，そのような符号は存在しない。

これは，通信路符号化定理[*16]と呼ばれる。伝送速度が通信路容量を超えなければ，符号化を適切に行うことによって，誤りのある通信路でも誤りのない情報伝送が可能であることを意味している[*17]。

---

*14 Claude Elwood Shannon。アメリカの電気工学者，数学者であり，情報理論の基礎を築いた。
*15 ここでは，単位時間当たりの通信路容量を扱っている。
*16 通信路符号化定理の証明は紙面の関係で割愛する。参考文献［2］［3］等を参照のこと。
*17 具体的な通信路符号化法については，第10章を参照のこと。

3．情報源のモデル

（1） 情報源の統計的表現

ここまで，通信路のモデルを考えてきたが，情報源がどのような性質をもっているかは考えてこなかった。ここで，代表的な情報源のモデルを示す。情報としてデジタル信号を考えれば，情報源は離散的な時刻に1つずつ記号を発生する。情報源の性質は，発生する記号系列の統計的性質によって決まる。

今，情報源から記号（情報源記号）が1つずつランダムに発生するものとする（図8-10）。どの記号が発生するかは，確率的に定まる。情報源がM種類の記号を発生するとして，情報源記号の集合を$A = \{a_1, a_2, ..., a_M\}$と表す。この集合から$n$個の記号が確率的に発生し，時点$t$での記号を$x_t$ $(t = 1, 2, ..., n)$*18で表せば，記号系列$x_1 x_2 ... x_n$を作ることができる。記号系列$x_1 x_2 ... x_n$の統計的性質は，次式のような結合確率（同時確率）分布によって定まる*19。

$$P(x_1, x_2, ..., x_n) = P(x_1 \cap x_2 \cap ... \cap x_n) \tag{8.11}$$

つまり，情報源が時点1から時点nまでのn個の記号を発生するとき，その記号系列となる確率が式(8.11)で与えられる。

図8-10　情報源モデル

例えば，情報源記号が$A = \{0, 1\}$の2種類で，3個の記号を発生する場合を考える。時点1, 2, 3での記号系列は，表8-2のような結合確率

---

*18　x_tは，$a_1, a_2, ..., a_M$のいずれかをとる（$x_t \in A$）。
*19　本来，確率変数X_t，その具体的な値（実現値）x_tを定義し，$X_t = x_t$となる確率が$P_{X_t}(x_t) = P(X_t = x_t)$などと表現されるが，ここでは$P(x_t)$と略記する。

表 8-2 記号系列 $x_1\ x_2\ x_3$ の結合確率分布

x_1	x_2	x_3	$P(x_1 \cap x_2 \cap x_3)$
0	0	0	0.298
0	0	1	0.373
0	1	0	0.174
0	1	1	0.072
1	0	0	0.036
1	0	1	0.021
1	1	0	0.015
1	1	1	0.011

分布で与えられるとする。表 8-2 の 1 行目は，時点 1, 2, 3 での記号系列 $x_1\ x_2\ x_3$ が 0 0 0 となる確率は 0.298 であることを示している。ここで，時点 1 での記号が 0 となる確率 $P_{x_1=0}$ は，時点 1 での記号が 0 となる確率をすべて足して

$$P_{x_1=0} = \sum_{x_2=0}^{1} \sum_{x_3=0}^{1} P(x_1(=0) \cap x_2 \cap x_3)$$
$$= 0.298 + 0.373 + 0.174 + 0.072 \quad (8.12)$$
$$= 0.917$$

となる。

　情報源のモデルでは，定常性とエルゴード性を仮定することが多い。定常性は，事象が発生する確率の分布が時間によって変化しない性質である[*20]。定常性を持つ情報源では，発生する記号系列の統計的性質が，時間をずらしても変わらない。その記号系列は，どの時点においても同一の確率分布に従う。エルゴード性は，事象が発生する確率を長時間観

[*20] 定常性の詳細については，参考文献 [4] 等を参照のこと。

測すると，ある確率に収束する性質である[3]。エルゴード性を持つ情報源では，十分長い時間を取れば，どの部分を選んでも統計的には同じ性質をもった記号系列が得られる。したがって，同一特性の情報源を多数用意して集合平均を求める代わりに，1つの情報源からの記号系列を長時間観測して時間平均を求めることで，情報源の統計的性質が知れる。

（2）記憶のない情報源

それぞれの時点で，記号の発生が他の時点での記号の発生と独立になっているとき，この情報源は記憶のない情報源（無記憶情報源）と呼ばれる。記憶のない情報源は，それぞれの記号の間に相関をもたない[*21]。しかし，実際の情報源では，記号間に相関がある場合が多い[*22]。記憶のない情報源は数学的に単純であるため，情報理論における基礎として便宜的に扱われる。

長さ n の記号 $x_1\ x_2\ \ldots\ x_n$ が生起する確率分布は，時点 t での記号を x_t，その生起確率を $P(x_t)$ として，次式で表される。

$$P(x_1, x_2, \ldots, x_n) = P(x_1) P(x_2) \ldots P(x_n)$$
$$= \prod_{t=1}^{n} P(x_t) \tag{8.13}$$

つまり，記憶のない情報源では，情報源記号が生起する確率分布がそれぞれの情報源記号の生起確率の積で表される。ここでは定常性およびエルゴード性を仮定しており，n 個の記号出力は互いに独立で，それぞれの記号出力は同じ確率分布を持つ。このような情報源は，独立同一分布情報源と呼ばれることがある。

（3）マルコフ情報源

実際の情報源では，それぞれの記号の間に相関があることが多い。つ

---

*21 互いに独立であるという。
*22 例えば，"情" という記号が出現すれば，その後に続く記号として "報" は比較的高い頻度で出現すると考えられる。

まり，ある時点の記号の生起確率が，それ以前の時点において発生した記号に影響を受ける。現在が過去の履歴に依存しており，このような性質はマルコフ性と呼ばれる[*23]。記号系列がマルコフ性を持つ情報源は，マルコフ情報源と呼ばれる。

図8-11は，情報源から記号が $x_1, x_2, ..., x_t$ の順に発せられたことを表す。影響を受ける範囲が直近の m 個の記号に限定され，それ以前の時点において発生した記号には影響を受けないとき，そのマルコフ情報源を m 重マルコフ情報源と呼ぶ。$m=1$ のとき，単純マルコフ情報源という。例えば，情報源記号の集合 $A=\{a,b,c\}$ における2重マルコフ情報源では，3種類の記号から構成される記号系列は aa, ab, ac, ba, bb, bc, ca, cb, cc の9つの状態をもつ。M 種類の記号を発生する m 重マルコフ情報源なら，M^m 種類の記号系列となる。

図8-11 m 重マルコフ情報源

「影響を受けない」とは，情報源記号 $x_1, x_2, ..., x_{t-m-1}$ と x_t とが独立であり，$x_1, x_2, ..., x_{t-m-1}$ が x_t の生起確率を左右しないという意味である。m 重マルコフ情報源では，時点 t での記号 x_t の生起確率は，その直前の m 個の記号の条件付き確率として $P(x_t | x_{t-m} ... x_{t-1})$ のように表される[*24]。

[*23] 影響を受けた過去の範囲を含めて現在の状態と考えれば，次の状態は，現在の状態で決まり，過去の状態（影響を受ける前）に無関係であると言い換えることができる。

[*24] 長さ n の記号 $x_1, x_2, ..., x_n$ が生起する場合，記号 $x_1, x_2, ..., x_{n-1}$ の発生を受けて記号 x_n が生起する確率 $P(x_n | x_1 x_2 ... x_{n-1}) = P(x_n | x_{n-m} ... x_{n-1})$ と考えることができる。

ここで，情報源記号の集合 $A=\{0,1\}$ における2重マルコフ情報源を考えよう。この情報源では，時点1と2の記号 $x_1 x_2$ を発生した後に，時点3の記号 x_3 を発生する確率分布が表8-3のようになったとする。例えば，記号系列00という状態の下では，確率0.2で記号0を出力し，記号系列は00になる。一方，確率0.8で記号1を出力し，記号系列は01になる。これを図に描けば，図8-12のようになる。矢印についている数字1/0.4は，0.4の確率で記号1を出力することを表している。

表8-3　2種類の記号を持つ2重マルコフ情報源の確率分布

x_1	x_2	x_3	$P(x_3 \mid x_2 x_1)$
0	0	0	0.2
0	0	1	0.8
0	1	0	0.6
0	1	1	0.4
1	0	0	0.9
1	0	1	0.1
1	1	0	0.5
1	1	1	0.5

図8-12において，丸印を状態，矢印を状態間の遷移と考えて，これを状態遷移図*25 という。矢印についている記号と数字は，遷移に伴う出力記号と遷移確率を表す。この図からわかるように，生起する記号の確率分布は，現在の状態で決まる。

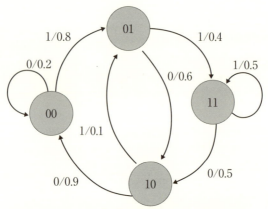

図8-12 マルコフ情報源の状態遷移図

---

*25 シャノン線図ともいう。

演習問題

【問題】

8.1 図 8-5 に示した 2 元対称通信路で，情報源記号 $A = \{0, 1\}$ の生起確率 $P(0) = \dfrac{1}{4}$, $P(1) = \dfrac{3}{4}$ のときの伝送情報量を計算せよ。ただし，ビット誤り率は $\dfrac{1}{4}$ とする。

8.2 図 8-5 に示した 2 元対称通信路の通信路容量を求めよ。ただし，ビット誤り率は $\dfrac{1}{4}$ とする。

8.3 記号系列 $X_1 \ X_2$ の結合確率分布は，次式によって求まる。表 8-2 の記号系列 $X_1 \ X_2 \ X_3$ の結合確率分布を用いて，$X_1 \ X_2$ の結合確率分布を求めよ。

$$P_{X_1, X_2} = \sum_{x_3 = 0}^{1} P(X_1 \cap X_2 \cap (X_3 = x_3))$$

8.4 情報源記号の集合 $A = \{0, 1\}$ における単純マルコフ情報源がある。遷移確率が $P(0 \mid 0) = 0.2$, $P(1 \mid 0) = 0.8$, $P(0 \mid 1) = 0.6$, $P(1 \mid 1) = 0.4$ であるとき，この情報源の状態遷移図を描け。

解答

8.1 2元対称通信路において，受信記号 b_1 および b_2 の生起確率は，式(8.4)および式(8.5)から

$$P(b_1) = \frac{1}{4} \times \left(1 - \frac{1}{4}\right) + \left(1 - \frac{1}{4}\right) \times \frac{1}{4} = \frac{3}{8}$$

$$P(b_2) = \frac{1}{4} \times \frac{1}{4} + \left(1 - \frac{1}{4}\right) \times \left(1 - \frac{1}{4}\right) = \frac{5}{8}$$

と得られる。受信記号のエントロピー $H(B)$ は，式(8.6)から

$$H(B) = -\frac{3}{8}\log_2 \frac{3}{8} - \frac{5}{8}\log_2 \frac{5}{8} \approx 0.954$$

と得られる。送信記号を送った後の受信記号の条件付きエントロピー $H(B|A)$ は，式(8.7)から

$$H(B|A) = -\frac{1}{4}\log_2 \frac{1}{4} - \left(1 - \frac{1}{4}\right)\log_2 \left(1 - \frac{1}{4}\right) \approx 0.811$$

と得られる。よって，伝達情報量 $I(A;B)$ は

$$I(A;B) = H(B) - H(B|A) = 0.954 - 0.811 = 0.143$$

[ビット/記号]

と求められる。

8.2 2元対称通信路の通信路容量は，（例題8.1）において導出した式(8.9)となる。よって，

$$C = 1 + \frac{1}{4}\log_2 \frac{1}{4} + \left(1 - \frac{1}{4}\right)\log_2 \left(1 - \frac{1}{4}\right) \approx 0.189 \quad [\text{ビット/記号}]$$

を得る。

8.3 例えば，$P_{X_1=0, X_2=0} = 0.298 + 0.373 = 0.671$ となる。X_1, X_2 の組合せをすべて求めると，表8-Aが得られる。

表8-A

x_1	x_2	$P(X_1 \cap X_2)$
0	0	0.671
0	1	0.246
1	0	0.057
1	1	0.026

8.4

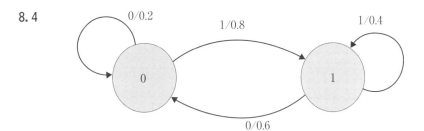

参考文献

[1] C. E. Shannon, *A mathematical theory of communication*, Bell System Technical Journal, vol.27, pp.379-423, 623-656, 1948
[2] 小林欣吾・森田啓義『情報理論講義』（培風館，2008年）
[3] 中川聖一『情報理論—基礎から応用まで』（近代科学社，2010年）
[4] 西尾眞喜子・樋口保成『確率過程入門』（培風館，2006年）

9 | 情報の圧縮

浅井紀久夫

《**目標&ポイント**》 通信路を通して情報を遠方に伝達するとき，情報の本質が伝わればよい。そこで，情報の本質を保持したまま別の形に変換して冗長性を減らし，受け取った後に情報を元の形に変換する。情報源符号化の目的は，情報を短い符号に変換し，伝送効率を上げることである。基本的な情報源符号化の方法と符号化の理論的限界について学ぶ。

《**キーワード**》 符号化，復号，符号，符号語，一意復号可能な符号，瞬時符号，符号の木，クラフトの不等式，平均符号長，ハフマン符号

1. 符号化と符号

（1） 符号化の役割

　情報は効率的に，つまり，同一時間内に多くの情報を伝送できた方がよい。情報を効率的に伝送するためには，情報を可能な限り少ない記号数で符号系列に変換する必要がある。この符号化を，情報源符号化という。また，情報は正確に伝送できた方がよい。情報を正確に伝送するためには，通信路を通った符号が誤って受信されても，到達先が情報を正しく認識する必要がある。このための符号化を通信路符号化といい，誤りを検出したり訂正したりするための情報が加えられる。表9-1に，情報源符号化と通信路符号化を整理する。

表9-1 情報源符号化と通信路符号化

	目的	符号の性質
情報源符号化	情報伝送を効率的にする	符号最短化
通信路符号化	情報伝送の信頼性を確保する	冗長性付与

符号器には情報源符号化と通信路符号化の役割があり，復号器には情報源復号と通信路復号の役割がある。したがって，第8章で扱った通信モデル（図8-3）は図9-1に示すようになる。この通信モデルにおいて，通信路符号化，通信路，雑音源，通信路復号を一つの通信路と考えると，誤りのない通信路モデルとなる。情報源符号化を考える場合，便宜上，誤りのない通信路を仮定する。一方，通信路符号化を考える場合，情報源符号化を情報源に，情報源復号を到達先に含め，誤りのある通信路を仮定する。本章では，情報源符号化について述べる*1。

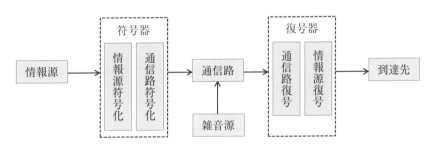

図9-1 情報源符号化と通信路符号化

（2）符号

符号化をもう少し詳細に見ていこう。情報源が発生する情報は情報記号系列で構成され，通信路では送信符号の系列として伝送される（図9-

---

*1 通信路符号化については第8章で述べた。具体的な誤り訂正符号については，第10章で扱う。

2)。情報源記号に対して符号器で変換された記号系列を符号語という。この符号語の集合を，符号と呼んでいる*2。情報源記号を符号語に一対一に割り当てることを符号化という。符号語の長さは符号長と呼ばれ，符号語を構成する記号の個数を表す。

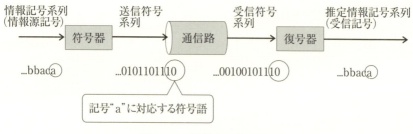

図9-2　符号語と符号*3

　符号語を構成する記号として，0と1が用いられることが多い。この2種類の記号から構成される符号を，2元符号と呼ぶ。例えば，符号長3の符号語で構成される2元符号の場合，符号語の組み合わせは，000，001, 010, 011, 100, 101, 110, 111 の$8(=2^3)$個*4であり，この組み合わせから000, 011, 101, 111 の4つを選んで符号Cを作れば，次のように表現できる。

$$C = \{000, 011, 101, 111\}$$

---

*2　符号語のことを，符号と呼ぶこともある。情報記号系列が一定の長さに分割され，それぞれ独立に符号語に対応づけられる場合を考えており，ブロック符号と呼ばれる。情報記号系列が1つずつ符号化されるなら，ブロック符号の特殊な場合と考えることができる。

*3　推定情報記号系列は，受信した情報記号系列という意味で，受信記号系列ということがある。通信路で混入した誤りが通信路復号で訂正されなければ，情報記号系列とは異なるものとなる。符号語を構成するのは記号であるため，情報源記号に対して送信符号を送信記号，受信符号を受信記号ということもある。

*4　2元符号の場合，符号長は符号のビット数に相当する。ビットは，0と1で区別される情報の単位を表す。

この場合，000 や 111 は符号語であり，符号長は 3 である．符号 C を構成する符号語の数は 4 となる．

（3）符号化の条件と種類

符号語が符号として使われるためには，復号が正しく行われなければならない．そのためには，受信記号を符号語と一対一に対応することに加えて，受信符号系列を符号語毎に正しく区切ることができる必要がある．このような符号を，可分符号，もしくは一意復号可能な符号という．表 9-2 に，記号 A に対する符号の例を示す．

表 9-2　一意復号可能な符号と一意復号不可能な符号

A	$C1$	$C2$	$C3$	$C4$
a1	0	0	0	00
a2	1	01	10	01
a3	10	011	110	10
a4	11	111	111	11

符号 $C1$ は記号と符号語を一対一に対応づけているが，以下に示すような，2 つ以上の符号系列に対しては正しく復号できない．
　　0100110001011
符号語を 1 つずつ区切って，
　　0, 1, 0, 0, 1, 1, 0, 0, 0, 1, 0, 1, 1
とすれば，
　　a1, a2, a1, a1, a2, a2, a1, a1, a1, a2, a1, a2, a2
と復号される．符号語の区切りを

0, 10, 0, 1, 10, 0, 0, 10, 11

とすれば，

　　a1, a3, a1, a2, a3, a1, a1, a3, a4

とも復号できる。このような符号は，一意復号不可能な符号と呼ばれる。これに対して，符号$C2$では符号語の区切りが以下のように一通りに決められる。

　　01, 0, 011, 0, 0, 01, 011

つまり，以下のように一意に復号できる。

　　a2, a1, a3, a1, a1, a2, a3

このような符号は，一意復号可能な符号である。

　符号$C3$でも，一意復号可能である。ただ，符号$C2$と符号$C3$とでは，区切りの決定時期が異なる。符号語を先頭から区切り，元の記号に復元するとき，符号$C2$では区切りの次の記号を受け取らないと，それが区切りであったのかどうかわからない。例えば，符号語01を受け取っても，対応する記号はa2であるとは限らず，a3かもしれない。符号系列が01111...である場合，次に0が現れるか，系列が終了するかしないと，区切りを決定できない。これは瞬時復号不可能であり，このような符号を非瞬時符号という。一方，符号$C3$では符号語を受け取り終わった時点で，その符号語の区切りがわかる。例えば，符号語10を受け取れば，記号がa2であることはただちに知れる。これは瞬時復号可能であり，このような符号を瞬時符号という。

　非瞬時符号と瞬時符号では，符号語の先頭部分である語頭に違いがある。符号$C2$では，符号語0が符号語01や011の語頭として現れるため，これが符号語0なのか，符号語01あるいは011の語頭なのか，区別できない。これに対して，符号$C3$では，どの符号語も他の符号語の語頭にはならない。そのため，符号語を受け取った時点で区切ることが

できる．符号$C4$では符号の長さがどの符号語に対しても等しくなっており，瞬時復号可能である．

2．符号の基本的性質

（1） 符号の木

通信路を通して送られる符号系列が符号として成り立つためには，一意復号可能でなければならない．実用面での効率を考えれば，瞬時復号可能である必要があろう．瞬時復号可能であるかどうかを見分ける方法として，図9-3に示すような符号の木がある．

符号の木による2元符号の表現（2分木）を考える．始点（根）から枝が分岐して，節点に至る．さらに，これらの節点から枝が分岐し，次

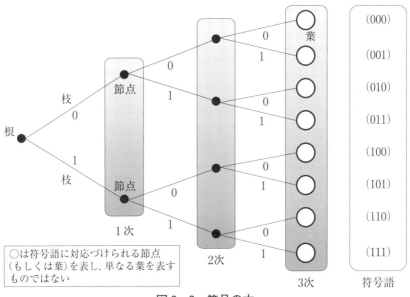

図9-3 符号の木

の節点に至る。枝が1本も出ない節点は，葉と呼ばれる。根から節点に至る枝の数がl本であれば，その節点はl次の節点と呼ばれる。1つの節点から出る枝は，符号の互いに異なる記号が対応づけられる。

枝に記号0および1を割り当て，根からl次の節点に至る間に通ったl本の枝の記号を順に並べれば，長さlの2元符号になる。符号語は節点で得られた記号系列になっており，符号の木の枝のつながりとして表される。したがって，根から出発して順に枝をたどっていけば，1つの符号語ができる。図9-3の例では，符号語がすべて，葉（端の節点）に対応づけられている[*5]。

図9-4に，表9-2に示した符号$C2$および$C3$の符号の木を示す。符号$C2$では，節点から枝が1本しか出ていないものがある。結果として，符号語が葉に対応しないものがある。そのため，符号の木をたどり，符号語に対応する節点に達しても，その節点の先に他の符号語に対応する節点があれば，どちらの節点が正しい符号語に対応した節点であるか判定できない。一方，符号$C3$では，節点から枝が2本ずつ出ている。結

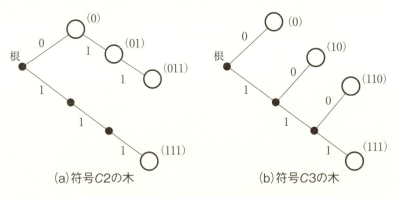

(a) 符号$C2$の木　　　(b) 符号$C3$の木

図9-4　符号の木の比較

[*5] 途中の節点に，符号語が対応づけられることもある。図9-4を参照のこと。

果として，符号語が葉に対応している．そのため，どの符号語を取っても，他の符号語の根からどの節点に至る記号系列にも一致しない．符号語に対応する節点（この場合は，葉）に至れば，そこで正しい符号語であると判定できる．したがって，瞬時復号可能であるための必要十分条件は，符号語がすべて，符号の木の葉に対応づけられていることである．

符号$C3$と$C4$はどちらも瞬時符号であるが，符号長に違いがある．一般には，短い符号語を割り当てたい．以下のクラフトの不等式は，符号長に関して制約があることを示す．

クラフトの不等式[*6]

符号長が$l_1, l_2, ..., l_M$のM個の符号語をもつ2元瞬時符号が存在するための必要十分条件は，不等式

$$2^{-l_1} + 2^{-l_2} + ... + 2^{-l_M} \leq 1 \tag{9.1}$$

を満たすことである[*7]．例えば，表9-2に示した符号$C3$の場合，符号語を4つもつ2元瞬時符号であり，$2^{-1} + 2^{-2} + 2^{-3} + 2^{-3} = 1$であるから，式(9.1)を満たす．クラフトの不等式は，符号長が短い（l_Mが小さい）ほど満たされにくく，符号長が長い（l_Mが大きい）ほど満たされやすい．

(2) 平均符号長

ある情報源が与えられたとして，これに対する瞬時符号は幾通りも考えることができる．符号化するとき，少ない記号数の符号語で符号化できれば，つまり，符号長を短くできれば，記憶容量の節約や伝送時間の短縮につながる．符号語の個数Mを決めたとき，これらの符号長の組$l_1, l_2, ..., l_M$のうちからどのように情報源記号に対応付ければよいだろう

[*6] 導出は紙面の都合上，割愛する．参考文献[1][2]等を参照のこと．
[*7] 注意を要する点は，瞬時符号であるための条件ではなく，瞬時符号が存在するための条件になっていることである．瞬時符号はクラフトの不等式を満足するが，クラフトの不等式を満足したからといって瞬時符号であるとは限らない．

か。これは，符号化の効率性の問題ととらえることができる。

　符号化の効率性を評価するための尺度の1つとして，平均符号長が使われる。平均符号長は，情報源から発生する記号を符号化したとき，1記号当たりの平均の符号長を L として，次式のように定義される。

$$L = \sum_{i=1}^{M} l_i p_i \quad [\text{ビット/記号}] \quad (9.2)$$

ここで，記号 $a_i(i=1,2,...,M)$ の生起確率を p_i，記号 a_i に対応する符号語の符号長を l_i とする。M は符号語の個数である。

(例題9.1)

　情報源が，記号 a_1, a_2, a_3, a_4 をそれぞれ確率 0.5, 0.3, 0.1, 0.1 で発生する。この情報源からの記号を，表9-2の符号 $C3$ と $C4$ で符号化した場合の平均符号長をそれぞれ求めよ。

符号 $C3$ の平均符号長
　　　$1 \times 0.5 + 2 \times 0.3 + 3 \times 0.1 + 3 \times 0.1 = 1.7 \quad [\text{ビット/記号}]$

符号 $C4$ の平均符号長
　　　$2 \times 0.5 + 2 \times 0.3 + 2 \times 0.1 + 2 \times 0.1 = 2.0 \quad [\text{ビット/記号}]$

(例題9.2)

　情報源が，記号 a_1, a_2, a_3, a_4 をそれぞれ確率 0.2, 0.2, 0.3, 0.3 で発生する。この情報源からの記号を，表9-2の符号 $C3$ と $C4$ で符号化した場合の平均符号長をそれぞれ求めよ。

符号 $C3$ の平均符号長
　　　$1 \times 0.2 + 2 \times 0.2 + 3 \times 0.3 + 3 \times 0.3 = 2.4 \quad [\text{ビット/記号}]$

符号 $C4$ の平均符号長
　　　$2 \times 0.2 + 2 \times 0.2 + 2 \times 0.3 + 2 \times 0.3 = 2.0 \quad [\text{ビット/記号}]$

前記2つの例題に見られるように，記号の生起確率は，平均符号長を左右する。このように記号の生起確率に偏りがあれば，生起確率の高い情報源記号に短い符号語を割り当て，生起確率の低い情報源記号に長い符号語を割り当てると，その符号の平均符号長を小さくできる。一方，各符号語の長さが等しい符号では，平均符号長は記号の生起確率に左右されず一定である。

　平均符号長は，（例題9.1）のように，$C3$，$C4$ の平均符号長 L_3，L_4 が $L_3 < L_4$ であるとき，$C3$ は $C4$ に比べて圧縮率が高いと言える。すなわち，平均符号長は圧縮性能を示していることになる。また，平均符号長は，記号を符号化したときの符号長の期待値になっている。つまり，情報源から出力される情報記号系列が非常に長いとき，符号系列の情報量を，情報源記号1つ当たり何ビットに符号化されているかで表したものと考えることができる。

3．情報源符号化の限界

（1）情報源符号化定理

　平均符号長は，いくらでも短くできるというわけではない。では，平均符号長は，どこまで短くできるのか。ここでは，瞬時符号の平均符号長の下限について述べる。これは，情報記号系列に対する瞬時符号の圧縮性能の限界を示すことになる。

　情報源記号が情報源から独立に生起する場合，つまり，記憶のない情報源を考える。その平均符号長に関して，次の定理が成立する[8]。

<u>定理</u>

　M 個の情報源記号 $A = \{a_1, a_2, ..., a_M\}$ を2種類の記号で符号化するとき（2元瞬時符号），平均符号長 L［ビット/記号］に対して次式を満たす

---

[8]　定理の証明は紙面の都合で割愛する。参考文献［1］［2］等を参照のこと。

符号化は存在するが, L が左辺より小さくなる符号化は存在しない。

$$H(A) \leq L < H(A) + 1 \tag{9.3}$$

ここで, $H(A)$ はこの情報源の1記号当たりのエントロピーであり, 情報源記号 a_i の生起確率を $P(a_i)$ として次式で表される[*9]。

$$H(A) = -\sum_{i=1}^{M} P(a_i) \log P(a_i) \quad [\text{ビット/記号}]$$

この定理は, 重要な意味を持っている。第5章において, 確率 p で生起する事象の情報量を $\log\frac{1}{p}$ [ビット] として定義した。第6章において, エントロピーをこの情報量の平均（期待値）として定義した。この定理は, 情報源のあいまいさを表すエントロピーが平均符号長に関連づけられ, 情報源符号化の性能限界を示す量になっていることを意味している。この定理を用いると, 情報理論の重要な定理の1つである情報源符号化定理を導くことができる。

今, 情報記号系列を長さ n で等間隔に区切り, 長さ n の記号系列をそれぞれ独立に生起した別の記号とみなす。元の情報源が q 種類の情報源記号 $S=\{s_1, s_2, ..., s_q\}$（q 元情報源記号）で表されるとき, この別とみなした記号は q^n 種類[*10]あり, 長さ n の区画をもつ q^n 元情報源とみなされる[*11]。例えば, $n=2$, $q=2$ とした場合, s_1 と s_2 の2元情報源記号が2つ組み合わされ, 記号 $\{s_1s_1, s_1s_2, s_2s_1, s_2s_2\}$ であるような4元情報源と見なせる。独立生起情報源（記憶のない情報源）であれば, この q^n 元情報源記号を生起する情報源[*12]のエントロピーは, 元の情報源のエントロピーの n 倍になる。

前述の定理によれば, 情報源記号1つ毎の符号化では, 1記号当たり

[*9] log は底を2とする。
[*10] 元の情報源から重複を許して n 個を選択する順列の総数に相当する。
[*11] 元の情報源から連続して発生する記号 n 個のブロックと考える（ブロック符号）。記憶のない情報源ならば, 複数のサイコロを同時に振る場合に相当する。
[*12] この情報源を, 元の情報源の n 次拡大情報源と呼ぶことがある。

の符号語の平均符号長が式(9.3)を満たすような符号化が存在する。長さ n の記号系列を1つの記号として扱えば，n 記号当たりの平均符号長 L_n が次式を満たすような符号化が存在する。

$$nH(S) \leq L_n < nH(S)+1 \tag{9.4}$$

1記号当たりの平均符号長は $L = \dfrac{L_n}{n}$ であるから，

$$H(S) \leq L < H(S)+\dfrac{1}{n} \tag{9.5}$$

となる。n を十分大きく取れば，L は $H(S)$ に収束する。$H(S)$ は，元の2元情報源記号を生起する情報源のエントロピーである。n を大きく取ることは，1つの区画に含める記号を増やすことを意味する。

これは，記号ごとに符号化していくのでは，効率的な符号化を実現できないが，n 個毎に符号化すれば効率化が図れることを意味している。そして，その平均符号長の下限は，情報源のエントロピー $H(S)$ で与えられる。これを整理すると，以下の情報源符号化定理[*13]となる。

情報源符号化定理

　エントロピー $H(S)$ ［ビット/情報源記号］（1記号当たり $H(S)$ ビットの情報量をもつ）の情報源から記号系列が発生するとき，2元符号に符号化して，その平均符号長が $H(S)$ に限りなく近い瞬時符号が存在する。しかし，平均符号長が $H(S)$ より短い瞬時符号は存在しない。

（2）ハフマン符号

　情報源符号化定理に従えば，符号化の1区画に含まれる記号の数を限りなく大きくしたとき，平均符号長が下限に達する。しかし，現実には情報源からの記号系列は有限であり，1区画に含まれる記号の数を極端

[*13] 情報源符号化定理は，誤りのない通信路の通信路符号化定理として示されることもある。

に大きくすることはできない。そこで，情報源に対して平均符号長が最短になる符号を構成したい。

独立生起情報源（記憶のない情報源）からの記号を符号化するとき，平均符号長を最小にする符号を最短符号と呼ぶ。最短符号の構成法はハフマン[*14]によって与えられ，この符号はハフマン符号と呼ばれる。2元ハフマン符号の構成法を以下に示す。

1. M 個の情報源記号に対応する葉を作り，生起確率の順番に並べる。
2. 生起確率の小さい葉2つを枝で結んで節点を作り，2本の枝にそれぞれ0もしくは1を割り当てる。
3. この節点を新たな葉と見なし，その生起確率は元の葉2つの生起確率の和とする。
4. 残りの $M-1$ 個の葉に対して，手順2，3を繰り返す。根が得られたら，手順5に進む。
5. 根から葉に至る枝に割り当てられた0もしくは1を順に並べれば，その葉に対応する記号の符号語が得られる。

ハフマン符号の構成法では符号の木を葉から根に向かって作っていき，その符号語が符号の木の葉に対応づけられる。したがって，ハフマン符号は瞬時符号であることがわかる。

（例題9.3）
情報源が，記号 a_1, a_2, a_3, a_4 をそれぞれ確率 0.5, 0.3, 0.1, 0.1 で発生する。この情報源記号を2元ハフマン符号で符号化せよ。また，この符号の平均符号長を求めよ。

[*14] David Albert Huffman。1952年，ハフマン符号を提案した。

2元ハフマン符号の構成法に従い，図9-5のように構成する．記号 a_1, a_2, a_3, a_4 に対するハフマン符号の符号長はそれぞれ $l_1 = 1$, $l_2 = 2$, $l_3 = 3$, $l_4 = 3$ であるから，平均符号長は

$$1 \times 0.5 + 2 \times 0.3 + 3 \times 0.1 + 3 \times 0.1 = 1.7 \quad [\text{ビット／記号}]$$

となる．

実は，ハフマン符号は，情報源記号に対して一意に決まるというわけではない．これは，ハフマン符号の構成法における手順2で0と1の割り当て方に任意性があるからである．つまり，0と1のどちらを先に割り当ててもよい．また，生起確率が等しい場合，どちらを先に枝で結んでもよい．この場合，符号語の長さが異なるハフマン符号ができる場合がある．ただし，これらの平均符号長は等しい．

2元符号では，平均符号長の下限値は情報源 A のエントロピー $H(A)$ に等しい．

$$L \geq H(A)$$

情報源 A を平均符号長 L の2元符号で符号化したとき，符号の効率を次式で定義する[*15]。

$$\eta = \frac{H(A)}{L}$$

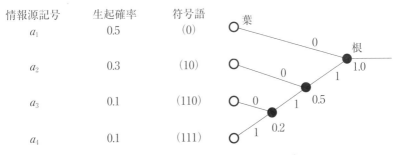

図9-5　2元ハフマン符号の符号の木

[*15] r 元符号に対しては，$H(A)$ を $\dfrac{H(A)}{\log r}$ で置き換える．

(例題 9.4)

記憶のない 2 元情報源から情報源記号 a_0, a_1 をそれぞれ生起確率 0.8, 0.2 で発生する。今，記号 2 つの組および 3 つの組で 1 つの記号を表すとすれば，これらを 2 元ハフマン符号で符号化したとき，情報源記号当たりの平均符号長と符号の効率を求めよ。

記号 2 つの組に対する 2 元ハフマン符号を，表 9-3 に示す。

表 9-3 記号 2 つの組に対する 2 元ハフマン符号

記号	生起確率	符号語
$a_0 a_0$	0.64	0
$a_0 a_1$	0.16	10
$a_1 a_0$	0.16	110
$a_1 a_1$	0.04	111

平均符号長は，式 (9.2) から

$L_2 = 1 \times 0.64 + 2 \times 0.16 + 3 \times 0.16 + 3 \times 0.04 = 1.56$ ［ビット/2 記号］

となる。情報源記号当たりの平均符号長は，$L = \dfrac{L_2}{2} = 0.78$［ビット/記号］となる。情報源のエントロピーは，

$H_2(A) = -0.64 \log 0.64 - 2 \times 0.16 \log 0.16 - 0.04 \log 0.04 = 1.44$

であり，情報源記号当たり $H(A) = \dfrac{H_2(A)}{2} = 0.722$［ビット/記号］である。したがって，符号の効率は，

$$\eta = \frac{0.722}{0.78} = 0.926$$

と求められる。

一方，記号3つの組に対する2元ハフマン符号を，表9-4に示す。

表9-4 記号3つの組に対する2元ハフマン符号

記号	生起確率	符号語
$a_0 a_0 a_0$	0.512	0
$a_0 a_0 a_1$	0.128	100
$a_0 a_1 a_0$	0.128	101
$a_1 a_0 a_0$	0.128	110
$a_0 a_1 a_1$	0.032	11100
$a_1 a_0 a_1$	0.032	11101
$a_1 a_1 a_0$	0.032	11110
$a_1 a_1 a_1$	0.008	11111

平均符号長は，
$$L_3 = 1 \times 0.512 + 3 \times 0.128 + 3 \times 0.128 + 3 \times 0.128$$
$$+ 5 \times 0.032 + 5 \times 0.032 + 5 \times 0.032 + 5 \times 0.008$$
$$= 2.184 \quad [\text{ビット}/3\text{記号}]$$

となる。情報源記号当たりの平均符号長は，$L = \dfrac{L_3}{3} = 0.728 [\text{ビット}/\text{記号}]$となる。情報源のエントロピーは，
$$H_3(A) = -0.512 \log 0.512 - 3 \times 0.128 \log 0.128$$
$$- 3 \times 0.032 \log 0.032 - 0.008 \log 0.008 = 2.166$$

であり，情報源記号当たり $H(A) = \dfrac{H_3(A)}{3} = 0.722$ [ビット/記号] である。したがって，符号の効率は，

$$\eta = \frac{0.722}{0.728} = 0.992$$

と求められる。組にする記号数を大きくすると，1情報源記号当たりの平均符号長は短くなり，符号の効率は高くなる。

演習問題

【問題】

9.1 表 9-1 A の符号は一意復号可能な符号か否か，また，瞬時符号か否か，答えよ。

表 9-1 A　符号

A	$C\mathrm{I}$	$C\mathrm{II}$	$C\mathrm{III}$
a	0	00	1
b	01	01	001
c	10	10	010
d	011	011	011

9.2 情報源が，記号 a_1, a_2, a_3, a_4 をそれぞれ確率 0.3, 0.3, 0.2, 0.2 で発生する。この情報源記号を 2 元ハフマン符号で符号化せよ。また，この符号の平均符号長と符号の効率を求めよ。

解答

9.1 $C\mathrm{I}$ は，010 という符号列に対して，記号列 ac なのか，ba なのか区別できないので，一意復号不可能な符号である。$C\mathrm{II}$ は，符号語のどの組合せも他の符号語にならないので，一意復号可能な符号である。ただし，符号の木を作ると，すべての符号語が葉に対応しているわけではないので，非瞬時符号である。$C\mathrm{III}$ は，符号の木を作ると，すべての符号語が葉に対応するので，瞬時符号である。

9.2 2元ハフマン符号の構成法に従い，図9-5と同じような符号の木を作れば，例えば，表9-Aのような符号語が得られる。a_1 と a_2，a_3 と a_4 はそれぞれ，入れ替わってもよい。

表9-A　情報源記号と2元ハフマン符号

情報源記号	符号語
a_1	00
a_2	01
a_3	10
a_4	11

平均符号長 L は，

$$L = 2\times 0.3 + 2\times 0.3 + 2\times 0.2 + 2\times 0.2 = 2.0 \quad [\text{ビット}/\text{記号}]$$

となる。情報源エントロピー H は，

$$H = -2\times 0.3\log_2 0.3 - 2\times 0.2\log_2 0.2 = 1.97 \quad [\text{ビット}/\text{記号}]$$

となる。したがって，符号の効率 η は，

$$\eta = \frac{1.97}{2.0} = 0.99$$

となる。

参考文献

[1] 小林欣吾・森田啓義『情報理論講義』(培風館, 2008 年)
[2] 中川聖一『情報理論―基礎から応用まで―』(近代科学社, 2010 年)

10 誤り検出と誤り訂正

浅井紀久夫

《目標＆ポイント》 通信路上で生じた誤りの影響を小さくするため，冗長性を与えて誤り検出と誤り訂正を行う。まず，ハミング距離について学び，これと誤り検出，誤り訂正との関係を知る。次に，線形符号について学び，それが成り立つ条件を知る。その上で，基本的な誤り検出としてパリティ検査符号を，基本的な誤り訂正としてハミング符号と巡回符号を学び，シンドロームの考え方を知る。
《キーワード》 ハミング距離，線形符号，パリティ検査符号，ハミング符号，巡回符号，シンドローム

1. 誤り検出と誤り訂正の考え方

第8章で示したように，雑音が混入する通信路では情報を伝送するとき，誤りが発生する。情報を正確に伝えるには，この誤りの影響を取り除く必要がある。その最も簡単な方法は，情報記号[*1]を繰り返し送ることである。例えば，0と1の2元記号から成る情報記号を考えれば，0を送る場合，送信符号を000にする。もし，誤りが1つ以内であれば，その誤りを正しく訂正することができる。誤りが0個だった場合，受信符号は000だし，誤りが1個だった場合，受信符号は100，010，001のどれかだろう（図10-1）。このいずれかの受信符号が得られたら，000と訂正し，情報記号0が受信されたことにする。情報記号1を送る場合も同様にして，送信符号を111にすれば，1つ以内の誤りに対して正し

[*1] 情報を伝達するために用いられる記号を表す。

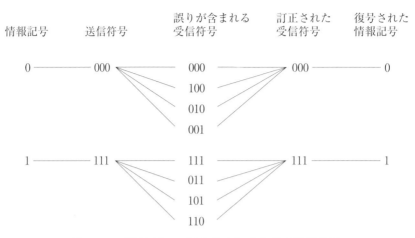

図 10-1　誤りが 1 つ以内含まれるときの受信符号

く訂正することができる。

　図 10-1 の例では情報記号を 1 つ送るために，記号が 3 つ含まれる送信符号を作った。つまり，1 つの情報記号に対して符号長 3 の符号語を作ったということである。このように冗長な記号を付け加えることによって，誤りを訂正する。このとき，送信符号を構成する符号語に誤りが 1 つ含まれたときの受信符号は，送信符号の別の符号語に誤りが 1 つ含まれたときの受信符号に等しくなってはいけない。誤りを含む受信符号の符号語が，送信符号のどの符号語なのかを区別できなくなるからである。これが，1 つ以内の誤りを正しく訂正できる条件となる。

(1) ハミング距離

　長さ n の符号語 $x_1 x_2 \ldots x_n$ を，n 次元ベクトル $\boldsymbol{x} = (x_1, x_2, \ldots, x_n)$ で表すことにする。これは，n 次元空間の 1 点を指すと考えることができる。例えば，長さ 3 の符号語であれば，3 次元ベクトル $\boldsymbol{x} = (x_1, x_2, x_3)$ で表され，立

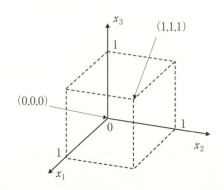

図10-2　3次元空間におけるハミング距離

方体の頂点の位置に対応する（図10-2）。$(0,0,0)$ は符号語000を表し，$(1,1,1)$ は符号語111を表す。ここで，2つの符号語 $x=(x_1,x_2,...,x_n)$ と $y=(y_1,y_2,...,y_n)$ との間で対応する記号が違っているものの数をハミング距離として定義する。例えば，$x=(0,0,0)$ と $y=(1,1,1)$ との間では各記号が異なっているから，ハミング距離は3となる。

また，符号語 $\mathbf{0}=(0,0,...,0)$ とのハミング距離を，ハミング重みという。符号語 $x=(x_1,x_2,...,x_n)$ のハミング重みは，符号語 $\mathbf{0}$ の各記号はすべて0であるので，符号語 x に含まれる記号1の数となる。例えば，$x=(1,0,1)$ なら，ハミング重みは2となる。

(2) 誤り訂正，誤り検出の能力

受信符号に t 個の誤りが含まれれば，元の送信符号との間のハミング距離は t となる。1個の誤りが含まれる受信符号が2つあったとき，それらが互いに等しくならないようにするには，元の送信符号の間でハミング距離が3以上であればよい。先に示した送信符号の符号語 $x=(0,0,0)$ と $y=(1,1,1)$ とでは，ハミング距離が3である。したがって，送信符

号に誤りがそれぞれ1個生じても，その受信符号の符号語は互いに等しくならず，この誤りを訂正できる．図10-3(a)に示すようにこれを一般化して，送信符号の符号語 x と y に t 個以下の誤りが生じたとき，その誤りが含まれる受信符号の符号語が互いに等しくならないようにするには，符号語 x と y の間でハミング距離が $2t+1$ 以上であればよい．これは，以下のように誤り訂正に対する必要十分条件を与える．

(定理1)
t 個以下の誤りを訂正できる符号は，その符号のどの符号語の間のハミング距離も $2t+1$ 以上であることを満たす．

次に，誤り訂正まではせず，誤り検出だけを行う場合を考えよう．誤り検出だけなら，符号語の間のハミング距離はもう少し短くてもよい．符号語 x を送信したとき，t 個の誤りが生じて，符号語 y に近い方に t だけずれた位置に来たとしよう（図10-3(b)）．このとき，符号語 x が誤って受信された符号語の範囲は符号語 y の円内に入ってしまい，符号語 y が誤って受信された符号語と区別できなくなる．しかし，符号語 x が誤って受信された符号語の位置が，符号語 y の位置よりもハミング距離にして1以上離れていれば，符号語 y と異なることはわかるため，誤りが含まれていることが知れる．これは，以下のように誤り検出に対する必要十分条件を与える．

(定理2)
t 個以下の誤りを検出できる符号は，その符号のどの符号語の間のハミング距離も $t+1$ 以上であることを満たす．

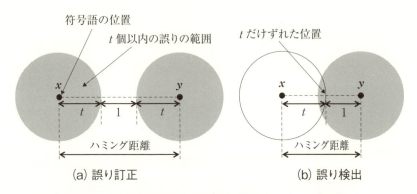

図 10-3 誤り訂正および誤り検出とハミング距離

2. 線形符号

符号長 n の送信符号を使って，k 個の情報記号を正確に送ることを考える．このとき，送信符号の符号語は情報記号 $x_1 x_2 \ldots x_k$ と検査記号 $x_{k+1} \ldots x_n$ から構成される[*2]．検査記号を改めて $p_1 p_2 \ldots p_{n-k}$ とおけば，この長さ n の符号語 u は，情報記号 $x_1 x_2 \ldots x_k$ との組合せとして次のように表される．

$$u = (x_1, x_2, \ldots, x_k, p_1, p_2, \ldots, p_{n-k}) \tag{10.1}$$

このように，情報部分と検査部分とに明確に分かれている符号は，組織符号と呼ばれる．符号長 n で情報部分が k 個の場合，(n, k) 符号と書く[*3]．

ある符号について任意の符号語の和を取れば，それも符号語になっている場合，その符号は線形符号であるという．また，線形符号があったとき，その符号語 $x = (x_1, x_2, \ldots, x_k, p_1, p_2, \ldots, p_{n-k})$ と $y = (y_1, y_2, \ldots, y_k, q_1, q_2, \ldots, q_{n-k})$ との和を取れば，$x + y = (x_1 + y_1, x_2 + y_2, \ldots, x_k + y_k, p_1 + q_1, p_2 + q_2, \ldots, p_{n-k} + q_{n-k})$ も符号語になる．実際，線形符号が用いられることが多く，この後に示すように線形符号を構成する幾つかの方法が知られている．

[*2] この符号長 n の符号語は 1 つの塊として符号化されることから，この符号はブロック符号と考えることができる．

[*3] 検査部分は $n-k$ 個となる．

(1) パリティ検査符号

2元の線形符号，つまり，情報記号や検査記号が0もしくは1で構成される場合を考える。検査記号が1ビットの場合，$u = (x_1, x_2, ..., x_k, p_1)$ となる。このとき，検査記号 p_1 が，符号語 u を構成する記号の1の数が偶数になるように決められれば，偶数パリティと呼び，奇数になるように決められれば，奇数パリティと呼ぶ。パリティとは，偶数か，奇数かを表すことである。したがって，

偶数パリティ
$$x_1 + x_2 + ... + x_k + p_1 = 0 \tag{10.2}$$

奇数パリティ
$$x_1 + x_2 + ... + x_k + p_1 = 1 \tag{10.3}$$

と表せる。p_1 は，その符号が偶数パリティか，奇数パリティになるように加えられた記号であり，パリティ検査記号と呼ばれる。このようなパリティ検査記号を含む線形符号を，パリティ検査符号という。パリティを求めるとき，2を法とする演算[*4]を行っている。例えば，次式のような和に対して2を法とする演算を行えば，

$$\begin{cases} 0+0 = 0 \\ 0+1 = 1 \\ 1+0 = 1 \\ 1+1 = 0 \end{cases} \tag{10.4}$$

となる。

送信符号に対して偶数パリティか，奇数パリティかを予め決めておき，受信符号のパリティを調べ，誤りを検出する。例えば，偶数パリティの場合，その受信符号に誤りがなければ，パリティ検査記号を含めた受信符号のパリティは偶数となる。その受信符号に誤りが1つあれば，そのパリティは奇数となる。符号語に含まれる誤りが1つであれば，その誤

[*4] 2で割った余りを意味する。2を法とする演算については，第3章を参照のこと。2元の場合，排他的論理和の演算と同様となる。排他的論理和については第3章および参考文献 [1] [2] 等を参照のこと。

りを検出できる*5(図10-4)。

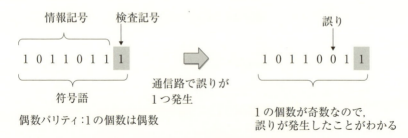

図10-4 パリティ検査符号と誤り検出

(2) ハミング符号

これまでは,検査記号が1ビットの場合,すなわち,符号語のパリティを検査する記号が1つ含まれる場合であった。パリティ検査記号の数を増やせば,誤り検出だけではなく,誤り訂正が可能になる。ここで,符号長7の符号語 u を考えよう。

$$u = (x_1, x_2, x_3, x_4, p_1, p_2, p_3) \tag{10.5}$$

ただし,4つの情報記号 x_1, x_2, x_3, x_4 に対して3つのパリティ検査記号 p_1, p_2, p_3 を次のように設定する。

$$\begin{cases} p_1 = x_1 + x_2 + x_3 \\ p_2 = x_1 + x_2 + x_4 \\ p_3 = x_1 + x_3 + x_4 \end{cases} \tag{10.6}$$

この符号は,ハミング符号と呼ばれる*6。(7,4)ハミング符号*7では情報記号が4つであるから,符号語は16個である*8。表10-1は,ハミ

---

*5 この符号の符号語の間のハミング距離は2以上になっており,定理2から,誤りを1つ検出することができる。誤りがあるかどうかを検出するだけなら,誤りの個数が奇数であれば,検出可能である。

*6 この名称は,考案者 Richard Wesley Hamming に由来する。

*7 (7,4)ハミング符号は,どの符号語の間のハミング距離も3以上であり,定理1から,誤りを1つ訂正することができる。

*8 $2^4 = 16$。

ング符号の符号語を並べたものである．上位 4 桁が情報記号であり，下位 3 桁は式(10.6)を使って導出した検査記号である．

表 10-1　ハミング符号とその符号語

0000000	0100110	1000111	1100001
0001011	0101101	1001100	1101010
0010101	0110011	1010010	1110100
0011110	0111000	1011001	1111111

ここでハミング符号の復号を考え，受信した符号語（受信語）に含まれる 1 つの誤りを訂正できることを示す．式(10.5)に示した (7,4) ハミング符号の符号語 u において次式の右辺に対して 2 を法とする演算を行うと，$s_1 = s_2 = s_3 = 0$ となる*9．

$$\begin{cases} s_1 = x_1 + x_2 + x_3 + p_1 \\ s_2 = x_1 + x_2 + x_4 + p_2 \\ s_3 = x_1 + x_3 + x_4 + p_3 \end{cases} \quad (10.7)$$

符号語に含まれる記号の 1 つに誤りが生じたとすると，その受信語の記号のパリティは反転する．例えば，情報記号 x_4 に誤りが生じると，その記号は $x_4 + 1$ となる．つまり，式(10.5)に示した符号語は，次式のように表される．

$$v = (x_1, x_2, x_3, x_4 + 1, p_1, p_2, p_3) \quad (10.8)$$

したがって，式(10.7)から $s_1 = 0$，$s_2 = s_3 = 1$ を得る．誤りは，情報記号の中だけではなく，検査記号に含まれる可能性もある．式(10.5)に示した符号語 u の記号それぞれに誤りが 1 つ発生したとき，式(10.7)を計算すると表 10-2 を得る．情報記号列，検査記号列で 1 となっている

---

*9　式(10.6)を変形したものと考えることができる．ただし，2 を法とする演算であることに注意する．

位置に誤りがあり，1が1つもない行は誤りがないことを表している。受信語における誤りの位置と s_1, s_2, s_3 との組合せは1対1に対応しており，式(10.7)によって s_1, s_2, s_3 を導出すれば，誤りを生じた位置を特定することができる。この s_1, s_2, s_3 の組合せは，シンドロームと呼ばれる[*10]。

表10-2　誤り位置とシンドローム

x_1	x_2	x_3	x_4	p_1	p_2	p_3	s_1	s_2	s_3
0	0	0	0	0	0	0	0	0	0
1	0	0	0	0	0	0	1	1	1
0	1	0	0	0	0	0	1	1	0
0	0	1	0	0	0	0	1	0	1
0	0	0	1	0	0	0	0	1	1
0	0	0	0	1	0	0	1	0	0
0	0	0	0	0	1	0	0	1	0
0	0	0	0	0	0	1	0	0	1

シンドローム

（3）符号の生成とパリティ検査

式(10.5)に示した符号語 u は，式(10.6)を用いて次式のように表される。

$$u = (x_1, x_2, x_3, x_4, x_1+x_2+x_3, x_1+x_2+x_4, x_1+x_3+x_4) \quad (10.9)$$

情報記号を $x = (x_1, x_2, x_3, x_4)$ とおけば，符号語 u は次式で表される。

$$u = (x_1, x_2, x_3, x_4)G = xG \quad (10.10)$$

ただし，

[*10] 受信語に含まれる誤りの特徴（症状）が現れたもの（症候群）と考える。

$$G = \begin{pmatrix} 1 & 0 & 0 & 0 & 1 & 1 & 1 \\ 0 & 1 & 0 & 0 & 1 & 1 & 0 \\ 0 & 0 & 1 & 0 & 1 & 0 & 1 \\ 0 & 0 & 0 & 1 & 0 & 1 & 1 \end{pmatrix} \quad (10.11)$$

である[*11]。情報記号 x が与えられたとき，行列 G をその右側からかけることによって対応する符号語を生成できることから，この行列 G は生成行列と呼ばれる。表 10-1 の符号語は，式(10.10)を使って導出することができる。

式(10.7)に示したシンドロームをベクトル $s = (s_1, s_2, s_3)$ で表せば，次式のようになる。

$$s = vH^T \quad (10.12)$$

ただし，

$$H = \begin{pmatrix} 1 & 1 & 1 & 0 & 1 & 0 & 0 \\ 1 & 1 & 0 & 1 & 0 & 1 & 0 \\ 1 & 0 & 1 & 1 & 0 & 0 & 1 \end{pmatrix} \quad (10.13)$$

である。T は行列の転置を表す。行列 H は，情報記号とパリティ検査記号の組合せに対応しており，パリティ検査行列と呼ばれる[*12]。受信語 v に誤りがなければ，$s = (0,0,0)$ となる[*13]。

情報記号 $(1,0,1,1)$ があったとして，式(10.11)の生成行列を使えば，その符号語は $(1,0,1,1,0,0,1)$ と求まる。一方，受信語が $(1,0,0,1,0,0,1)$ だった場合，式(10.13)のパリティ検査行列を使って $(1,0,1)$ が得られるので，表 10-2 から受信語の 3 番目の記号 (x_3) に誤りが発生したことがわかる。したがって，情報記号は $(1,0,1,1)$ として復号される。この一連の流れは，ハミング符号における符号化と復号の処理を示している（図 10-5）。

受信語 v は符号語 u に誤りが加わったものであるとしよう。この誤

[*11] 行列については第 3 章を参照のこと。
[*12] パリティ検査行列は $uH^T = 0$ を満たす。
[*13] このとき，$v = u$ である。

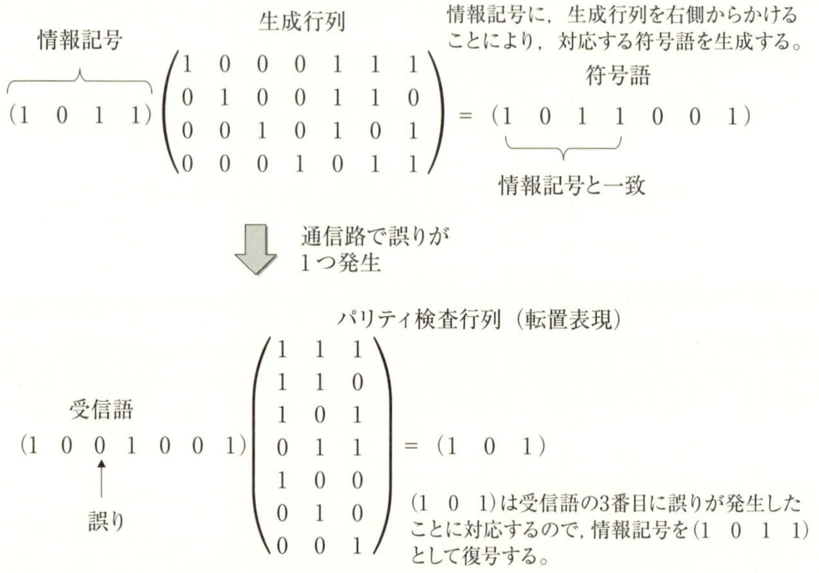

$$
\underbrace{(1\ 0\ 1\ 1)}_{\text{情報記号}}\ \underbrace{\begin{pmatrix} 1 & 0 & 0 & 0 & 1 & 1 & 1 \\ 0 & 1 & 0 & 0 & 1 & 1 & 0 \\ 0 & 0 & 1 & 0 & 1 & 0 & 1 \\ 0 & 0 & 0 & 1 & 0 & 1 & 1 \end{pmatrix}}_{\text{生成行列}} = \underbrace{(1\ 0\ 1\ 1\ 0\ 0\ 1)}_{\substack{\text{符号語} \\ \text{情報記号と一致}}}
$$

情報記号に，生成行列を右側からかけることにより，対応する符号語を生成する．

⬇ 通信路で誤りが1つ発生

$$
\underbrace{(1\ 0\ 0\ 1\ 0\ 0\ 1)}_{\substack{\text{受信語} \\ \uparrow \\ \text{誤り}}}\ \underbrace{\begin{pmatrix} 1 & 1 & 1 \\ 1 & 1 & 0 \\ 1 & 0 & 1 \\ 0 & 1 & 1 \\ 1 & 0 & 0 \\ 0 & 1 & 0 \\ 0 & 0 & 1 \end{pmatrix}}_{\text{パリティ検査行列（転置表現）}} = (1\ 0\ 1)
$$

$(1\ 0\ 1)$ は受信語の3番目に誤りが発生したことに対応するので，情報記号を $(1\ 0\ 1\ 1)$ として復号する．

図 10-5 ハミング符号の符号化と復号

りの位置を示した誤りベクトル[*14] を e とすれば，受信語は次式で表される．

$$v = u + e \tag{10.14}$$

これを式 (10.12) に代入すると，

$$s_v = vH^T = (u+e)H^T = uH^T + eH^T = eH^T \tag{10.15}$$

を得る．通信路に送り出す前の符号語 u には誤りが含まれず，$s = (0,0,0)$ であるから，$uH^T = 0$ である．式 (10.15) は，受信語のシンドロームが符号語には関係なく，誤りベクトルだけで決まることを示している．したがって，表 10-2 の左側（白色部）は誤りベクトルになっており，それとシンドロームとが 1 対 1 に対応していれば，式 (10.15) からシンドロームに対応する誤りを特定することができる．このとき，異なる誤り

[*14] 誤りの位置に対応する要素だけが1，それ以外の要素は0である．

ベクトルに対応するシンドロームがすべて異なるように，パリティ検査行列 H を決めることが重要である[*15]。異なる誤りベクトルに対応するシンドロームが同じだと，誤りの位置を特定できなくなる。

3. 巡回符号

符号長 n の 2 元線形符号 C を考える。この符号の中の任意の符号語を
$$\boldsymbol{u}_0 = (c_0, c_1, c_2, ..., c_{n-1}) \tag{10.16}$$
とする。2 元であるから，$c_k \in \{0, 1\}(k = 0, ..., n-1)$ である。この符号語 $\boldsymbol{u}_0$ の最後の記号 c_{n-1} をいちばん前に持ってくると，
$$\boldsymbol{u}_1 = (c_{n-1}, c_0, c_1, ..., c_{n-2}) \tag{10.17}$$
となる。この操作は，符号語 $\boldsymbol{u}_0$ を巡回置換するという。符号語 $\boldsymbol{u}_0$ を巡回置換してできる符号語 $\boldsymbol{u}_1$ が，また符号 C の符号語であるとき，この符号 C を巡回符号[*16] と呼ぶ。図 10-6 に，巡回符号の例 $C = \{(0000), (1001), (1100), (0110), (0011), (0101), (1010), (1111)\}$ を示す。

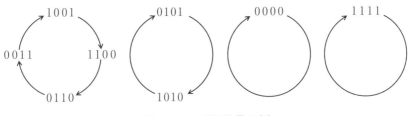

図 10-6　巡回符号の例

巡回符号はその符号語の構成における巡回性からシフトレジスタ[*17]

[*15] この条件以外に，パリティ検査行列の列はすべてゼロであってはいけない。すべてゼロの列があると，誤り無しの場合との区別ができなくなる。また，単一誤りが訂正できるためには，列の数にも制限がある。詳しくは参考文献 [3] 等を参照のこと。
[*16] 線形符号の一種である。
[*17] シフトレジスタについては参考文献 [1] [2] 等を参照のこと。

によって実現できるため，符号化が比較的容易であり，しばしば実用的な符号として使われる*18。

（1）符号多項式

これまでは符号語をベクトルで表してきたが，巡回符号では符号語を次式のような多項式で表す。

$$u_0(x) = c_0 + c_1 x + c_2 x^2 + \ldots + c_{n-1} x^{n-1} \tag{10.18}$$

$u_0(x)$ は $n-1$ 次以下の多項式であり，長さ n の記号系列を表す。この多項式は符号語に対応し，符号多項式と呼ばれる。x の次数（x^j の j）は符号のビットの位置（符号語の記号 c_j の位置）に対応しており，符号語が 1100 なら $1+x$ だし，0110 なら $x+x^2$ である。表 10-3 に，符号長 4 の 2 元巡回符号に対する符号語と符号多項式の対応を示す。

表 10-3 符号語と符号多項式の対応例

符号語	符号多項式
0000	0
1001	$1+x^3$
1100	$1+x$
0110	$x+x^2$
0011	x^2+x^3
0101	$x+x^3$
1010	$1+x^2$
1111	$1+x+x^2+x^3$

---

*18 多重誤り訂正が可能な BCH 符号や，集中的に発生する誤りの訂正が可能な RS 符号がある。詳しくは参考文献 [4][5] 等を参照のこと。

（2）生成多項式

巡回符号の符号多項式は，次の性質をもつことが知られている[19]。

(1) 巡回符号 C の任意の符号多項式の和も符号多項式である。
(2) $u(x)$ が巡回符号 C の符号多項式であれば，任意の多項式 $a(x)$ との積 $a(x)u(x)$ も巡回符号 C の符号多項式である。
(3) 巡回符号 C においてすべてゼロとなる符号語を除く最小次数の符号多項式を $g(x)$ とすれば，巡回符号 C の任意の符号多項式 $u(x)$ は $u(x) = a(x)g(x)$ となる。

性質(3)の $g(x)$ は生成多項式と呼ばれる。この性質(3)から，巡回符号 C の符号多項式は $g(x)$ で割り切れる。$a(x)$ を情報記号を表す多項式（情報多項式）と考えれば，符号長が n で，情報記号のビット数が k である (n,k) 巡回符号は，$k-1$ 次の情報多項式と $n-k$ 次の生成多項式で表される。

（例題 10.1）
生成多項式が $g(x) = 1 + x^2 + x^3$ のとき，符号長 7 の巡回符号を構成する。この巡回符号の符号語をすべて求めよ。

生成多項式 $g(x)$ の次数は 3 であるから，情報多項式 $a(x)$ の次数は 3 である[20]。符号多項式 $u(x)$ は次式のように表される。

$$u(x) = a(x)g(x) = (a_0 + a_1 x + a_2 x^2 + a_3 x^3)(1 + x^2 + x^3)$$
$$= a_0 + a_1 x + (a_0 + a_2)x^2 + (a_0 + a_1 + a_3)x^3$$
$$+ (a_1 + a_2)x^4 + (a_2 + a_3)x^5 + a_3 x^6$$

情報記号のビット数は 4 であり，その組み合わせは $2^4 = 16$ 通りある。情報記号を情報多項式の係数にそれぞれ代入すれば，表 10-4 に示す符号語が得られる。

生成多項式が与えられれば，巡回符号が得られることがわかった。し

---

[19] これらの性質の証明は紙面の都合で割愛する。巡回符号の性質に関する証明については参考文献 [4] [5] 等を参照のこと。
[20] 符号多項式 $u(x)$ の次数は 6 である。

表 10-4　生成多項式が $g(x)=1+x^2+x^3$ のときの巡回符号の符号語

情報多項式の係数				符号多項式の係数						
1	x	x^2	x^3	1	x	x^2	x^3	x^4	x^5	x^6
0	0	0	0	0	0	0	0	0	0	0
1	0	0	0	1	0	1	1	0	0	0
0	1	0	0	0	1	0	1	1	0	0
1	1	0	0	1	1	1	0	1	0	0
0	0	1	0	0	0	1	0	1	1	0
1	0	1	0	1	0	0	1	1	1	0
0	1	1	0	0	1	1	1	0	1	0
1	1	1	0	1	1	0	0	0	1	0
0	0	0	1	0	0	0	1	0	1	1
1	0	0	1	1	0	1	0	0	1	1
0	1	0	1	0	1	0	0	1	1	1
1	1	0	1	1	1	1	1	1	1	1
0	0	1	1	0	0	1	1	1	0	1
1	0	1	1	1	0	0	0	1	0	1
0	1	1	1	0	1	1	0	0	0	1
1	1	1	1	1	1	0	1	0	0	1

かし，（例題10.1）で求めた巡回符号は組織符号になっておらず，表10-4を見ても，符号語の中のどこに情報記号があるのかわからない．復号で情報記号を取り出すことを考えれば，組織符号の方が都合がよい．そこで，情報多項式 $a(x)$ に x^m （$m(=n-k)$ は生成多項式の次数）をかけて，その項を x^m 以上の高次に移行しておく．その上で，$x^m a(x)$

を m 次の生成多項式で割り，その商を $q(x)$，余りを $r(x)$ とすると，$x^m a(x) = q(x)g(x) + r(x)$ となる。$r(x)$ を移項して，$x^m a(x) + r(x) = q(x)g(x)$ を得る[*21]。したがって，$x^m a(x) + r(x)$ は $g(x)$ で割り切れ，符号多項式である。検査記号の多項式を $r(x) = r_0 + r_1 x + \ldots + r_{m-1} x^{m-1}$，情報多項式を $a(x) = a_0 + a_1 x + \ldots + a_{k-1} x^{k-1}$ とすれば，符号語 u は次のように表される[*22]。

$$u = (r_0, r_1, \ldots, r_{m-1}, a_0, a_1, \ldots, a_{k-1}) \qquad (10.19)$$

(例題 10.2)
情報記号 (1101) を生成多項式 $g(x) = 1 + x^2 + x^3$ で符号化し，符号長 7 の巡回組織符号を求めよ。

生成多項式の次数は $m = 3$ であり，情報多項式は $a(x) = 1 + x + x^3$ であるから，$x^3 a(x) = x^3 + x^4 + x^6$ となる。これを $g(x)$ で割ると，$r(x) = x^2$ を得る。したがって，$u(x) = x^2 + x^3 + x^4 + x^6$ となり，符号語は $u = (0011101)$ と求められる。

(3) シンドローム多項式

通信路を通して (n, k) 巡回符号を受信した受信語 v の符号多項式を次式とする。

$$v(x) = v_0 + v_1 x + v_2 x^2 + \ldots + v_{n-1} x^{n-1} \qquad (10.20)$$

この $v(x)$ を生成多項式 $g(x)$ で割ったとき，その余り $s(x)$ は次式で表される。

$$s(x) = v(x) \bmod g(x) \qquad (10.21)$$

この $s(x)$ はシンドローム多項式と呼ばれる。この受信語 v は，元の符号語 u が通信路で誤って，誤り e が混入したと考えれば，式 (10.14) から次式のように表される。

[*21] 2 を法とする演算なので，足し算と引き算は同じ結果となる。
[*22] 巡回符号では，符号語が検査記号，情報記号の順に並んでいることに注意する。情報多項式の項は x^m 以上の高次になっている。

$$v = u + e \tag{10.22}$$

各々に対する符号多項式には，以下の関係が成り立つ．

$$v(x) = u(x) + e(x) \tag{10.23}$$

これを式(10.21)に代入すれば，次式を得る．

$$\begin{aligned} s(x) &= \{u(x) + e(x)\} \bmod g(x) \\ &= e(x) \bmod g(x) \end{aligned} \tag{10.24}$$

ここで，$u(x)$ は $g(x)$ で割り切れることを用いた．この式(10.24)は，シンドローム多項式が誤りに対する符号多項式 $e(x)$ を $g(x)$ で割った余りに等しいことを示している．このことから，シンドロームと誤りの多項式が一対一に対応していれば，符号語における誤りが知れる．

コラム　巡回符号の符号多項式

巡回符号の巡回置換した符号語が，また符号多項式で表されることを示そう．式(10.18)の両辺に x をかけると，

$$xu_0(x) = c_0 x + c_1 x^2 + c_2 x^3 + \ldots + c_{n-2} x^{n-1} + c_{n-1} x^n$$
$$= c_{n-1} + c_0 x + c_1 x^2 + c_2 x^3 + \ldots + c_{n-2} x^{n-1}$$
$$\quad + c_{n-1}(x^n - 1)$$
$$= u_1(x) + c_{n-1}(x^n - 1) \tag{10.A1}$$

となる．式(10.A1)は，$xu_0(x)$ を $(x^n - 1)$ で割れば，商が c_{n-1} で，余りが $u_1(x)$ であることを示している．ここで，

$$u_1(x) = c_{n-1} + c_0 x + c_1 x^2 + c_2 x^3 + \ldots + c_{n-2} x^{n-1} \tag{10.A2}$$

であり，式(10.17)で示した符号語 u_1 の符号多項式である．つまり，符号語の符号多項式に x をかけて，$(x^n - 1)$ で割った余りは，符号語を巡回置換して得られた符号語の符号多項式となっている．$u_1(x)$ は，$xu_0(x)$ に対して $(x^n - 1)$ を法とする演算になっており，

$$u_1(x) = xu_0(x) \bmod (x^n - 1) \tag{10.A3}$$

と書ける*．式(10.A1)にもう1回 x をかけると，次式となる．

$$x^2 u_0(x) = c_{n-1} x + c_0 x^2 + c_1 x^3 + \ldots + c_{n-2} x^n$$
$$\quad + c_{n-1} x(x^n - 1)$$
$$= u_2(x) + (c_{n-1} x + c_{n-2})(x^n - 1) \tag{10.A4}$$

ここで，

$$u_2(x) = c_{n-2} + c_{n-1} x + c_0 x^2 + \ldots + c_{n-3} x^{n-1}$$
$$= x^2 u_0(x) \bmod (x^n - 1) \tag{10.A5}$$

である．こうした操作を繰り返すと，次式となる．

$$u_j(x) = x^j u_0(x) \bmod (x^n - 1) \tag{10.A6}$$

つまり，符号語を j 回巡回置換した符号語は，元の符号語の符号多項式に x^j をかけて，$(x^n - 1)$ で割った余りで表される符号多項式になっている．

* 式(10.A3)の =（等号）には ≡（合同）が使われることが多いが，混乱を避けるため，ここでは等号を使っている．$u_0(x)$ が符号多項式ならば，$xu_0(x)$ も符号多項式であることを示しており，巡回符号の符号多項式の性質(2)を満たす．

演習問題

【問題】

10.1 送信符号系列 $x = (011011)$, $y = (110010)$ について，以下の問 (a) と (b) に答えよ。
 (a) x と y との間のハミング距離を求めよ。
 (b) x と y のハミング重みをそれぞれ求めよ。

10.2 符号 C のどの符号語の間のハミング距離も 9 以上であるとき，訂正できる誤りの個数の最大値，および検出できる誤りの個数の最大値をそれぞれ求めよ。

10.3 情報記号 $x = (1001110)$ があったとき，偶数パリティの場合および奇数パリティの場合のパリティ検査記号をそれぞれ求めよ。ただし，検査記号は 1 ビットとする。

10.4 式 (10.13) のパリティ検査行列を持つ $(7,4)$ ハミング符号がある。この符号の符号語を送信したとき，受信語 (0100111) を受信した。この受信語が 1 つだけ誤りを含むとき，シンドロームを求め，送信された元の符号語を推定せよ。ただし，シンドロームと誤り位置の対応は表 10-2 を使うものとする。

10.5 符号語 (1010001) の符号多項式を示せ。また，この符号語を 1 回巡回置換した符号多項式を示せ。

解答

10.1 (a) 3
(b) x に対して 4, y に対して 3 となる

10.2 $2t+1=9$ から $t=4$ であり,最大 4 個の誤りを訂正できる。
$t+1=9$ から $t=8$ であり,最大 8 個の誤りを検出できる。

10.3 偶数パリティのとき,$1+0+0+1+1+1+0+p=0$ であるから,$p=0$
奇数パリティのとき,$1+0+0+1+1+1+0+p=1$ であるから,$p=1$

10.4

$$(0\ 1\ 0\ 0\ 1\ 1\ 1) \begin{pmatrix} 1 & 1 & 1 \\ 1 & 1 & 0 \\ 1 & 0 & 1 \\ 0 & 1 & 1 \\ 1 & 0 & 0 \\ 0 & 1 & 0 \\ 0 & 0 & 1 \end{pmatrix} = (0\ 0\ 1)$$

表 10-2 から検査記号の下の桁が誤っていることが知れ,送信された元の符号語は $(0\ 1\ 0\ 0\ 1\ 1\ 0)$ と推定される。ちなみに,情報記号は $(0\ 1\ 0\ 0)$ と復号される。

10.5 符号語 (1010001) の符号多項式は $1+x^2+x^6$ になる。これを巡回置換した符号語は (1101000) であり,その符号多項式は $1+x+x^3$ となる。符号多項式 $1+x+x^3$ は,符号多項式 $1+x^2+x^6$ に x をかけて,x^7-1 で割った余りになっている。

参考文献

[1] 浜辺隆二『論理回路入門（第3版)』(森北出版, 2015年)
[2] 今井正治『論理回路（OHM 大学テキスト)』(オーム社, 2016年)
[3] 今井秀樹『情報理論』(オーム社, 2014年)
[4] 江藤良純・金子敏信（監修），映像情報メディア学会（編)『誤り訂正符号とその応用』(先端技術の手ほどきシリーズ)，(オーム社, 1996年)
[5] J.エステセン・T.ホーホルト『誤り訂正符号入門』(森北出版, 2005年)

11 | テキストの符号化

森本容介

《**目標&ポイント**》 コンピュータ上で文字情報を扱う基礎知識を学ぶ。文字集合と文字コードの概念を学び，文字とその属性が独立していることを理解する。ラテン文字や基本的な記号を表現できる文字コード，日本語で使われる文字を表現できる文字コード，世界中の文字を表現できる文字コードを知る。
《**キーワード**》 文字集合，文字コード，ASCII，JIS X 0208，Unicode

1. コンピュータ上での文字の表現

(1) 文字コード

　コンピュータ上で，文字は0と1（ビット）の組み合わせを用いて表現される。例えば，多くのコンピュータでは，ラテン文字の「A」は「01000001」というビット列で表現される。「1」という文字は「00110001」である。ここでの「1」は，第2章で学んだような，数としての「1」ではなく，文字としての「1」である[*1]。このような，文字に対応づけられたバイト表現を文字コードと呼ぶ。文字と文字コードの例を表11-1に示す。

　表11-1で文字コードの「例」としたのは，文字コードには複数の種類があるからである。文字コードの体系によって，同一の文字に対応する文字コードが異なるほか，表現できる文字の数や種類が異なることもある。1文字を1バイトで表現する文字コードの場合，最大で$2^8 = 256$

[*1] 数としての「1」は，1バイトで表現するなら「00000001」である。

通りの文字が表現できる。もっとも基本的な文字コードである ASCII コードを図 11-1 に示す。

表 11-1　文字と文字コードの例

文字	文字コードの例	
	二進（0 と 1）	十六進
A	01000001	41
1	00110001	31
あ	1000001010100000	82A0
亜	1000100010011111	889F

		上位3ビット						
		000	001	010	011	100	101	110	111
下位4ビット	0000	NUL	DLE	SP	0	@	P	`	p
	0001	SOH	DC1	!	1	A	Q	a	q
	0010	STX	DC2	"	2	B	R	b	r
	0011	ETX	DC3	#	3	C	S	c	s
	0100	EOT	DC4	$	4	D	T	d	t
	0101	ENQ	NAK	%	5	E	U	e	u
	0110	ACK	SYN	&	6	F	V	f	v
	0111	BEL	ETB	'	7	G	W	g	w
	1000	BS	CAN	(	8	H	X	h	x
	1001	HT	EM	)	9	I	Y	i	y
	1010	LF	SUB	*	:	J	Z	j	z
	1011	VT	ESC	+	;	K	[	k	{
	1100	FF	FS	,	<	L	\	l	|
	1101	CR	GS	-	=	M	]	m	}
	1110	SO	RS	.	>	N	^	n	~
	1111	SI	US	/	?	O	_	o	DEL

図 11-1　ASCII コード表

ASCIIコードは，7ビットを用いる文字コードである。文字「A」は，上位3ビットが「100」，下位4ビットが「0001」であるため，「01000001」というバイト表現となる*2。これは，十六進で表すと，41である。以下，特に断りのない限り，バイト列の表現には十六進を用いる。また，十六進であることを明記するために，先頭に 0x をつけて 0x41 のように表記することもある。ASCIIコードでは，「Web 2.0」は，表11-2のように表現する。スペースは，図11-1で上位3ビットが010，下位4ビットが0000の位置にある SP が該当する。また，「2」と「0」は文字である。前述の通り，文字としての表現と数値としての表現は異なる。実際に多くの環境では，テキストエディタに「Web 2.0」と書いてファイルに保存すると，表11-2に示したコードの並びでデータが保存され，ファイルサイズは7バイトになるはずである。

表11-2 「Web 2.0」のASCIIコードによる表現

文字	W	e	b		2	.	0
コード	57	65	62	20	32	2E	30

　図11-1で背景色をつけた文字（0x00〜0x1Fと0x7F）は，制御文字と呼ばれる。制御文字は，コンピュータの出力装置や通信装置を制御するための特殊な文字である。テキストファイル中で使われることが多い制御文字を，表11-3に示す。
　テキストを改行するためのコード（改行コード）は，コンピュータの環境や応用分野によって異なる。LinuxやmacOSなど，Unix系のOSでは，LF が用いられることが多い。Microsoft Windowsでは，CRLF*3 が用いられる。Webで使われるプロトコルであるHTTP/1.1では，改

---

*2　最上位ビットを0にする。
*3　制御文字 CR と LF をこの順で記述したもの。コードは 0D0A。

行コードとして CRLF を用いると定められている。

表 11-3　テキストファイル中で使われることが多い制御文字

コード	制御文字	意味
0x09	HT	水平タブ（Horizontal Tabulation） キーボードの［Tab］キーを押して入力できる普通のタブ文字。
0x0A	LF	改行（Line Feed） 次の行に進める。
0x0D	CR	復帰（Carriage Return） 行頭に戻る。
0x1B	ESC	エスケープ（Escape） 後に続く文字と組み合わせて，特別な意味を表すために使用する。

（2）文字とその属性

　文字は，対応するバイト列により，コンピュータ上に保存され，通信回線を通して伝送される。文字コードには，字体や色や大きさなど文字の見た目に関する情報は含まれない。ASCII コードを使えば，どのような見た目の「F」も 0x46 に符号化される。ディスプレイなどに出力する際は，環境によって見た目の異なる「F」が表示される（図 11-2）。

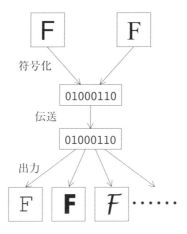
図 11-2 「F」の符号化と出力

　ここで，文字を表示したり印刷したりするための，同じ系統にデザインされた文字群をフォントという。ラテン文字用のフォントとしては，Times や Helvetica（ヘルベチカ）が有名である。
　フォントの種類，文字の大きさ，色などの属性は，符号化された文字とは別に取り扱われる。Web ページを記述するマークアップ言語である HTML において，文字の属性がどのように表現されるかを見てみよう。1990 年代は，Web ページ上に表示するテキストに，タグやタグの属性を用いて，文字の属性を付与することが一般的であった（図11-3）。1990 年代後半以降は，HTML ファイルに，見た目を指定するための CSS（Cascading Style Sheets）ファイルを組み合わせる方法が主流となった。いずれにしても，文字の表示のための属性は，文字自体とは別の手法で表現される。

HTMLの記述（前後略）
```
one two three four five
```

Webブラウザにおける表示例
```
one two three four five
```

HTMLの記述（タグを用いて文字に属性を付与）
```
<font size="+2">one</font> <font color="red">two</font>
<font face="serif">three</font> <b>four</b> <i>five</i>
```

Webブラウザにおける表示例

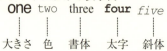

　　　大きさ　色　書体　太字　斜体

図 11 – 3　1990 年代の HTML

2．符号化文字集合と文字符号化方式

（1）符号化文字集合

　日本語を含め，さまざまな言語の文字を符号化するためには，符号化文字集合という概念が必要である。文字集合とは，文字の集合である。ラテン文字の集合，ひらがなの集合，漢字の集合などは，いずれも文字集合といえる。前節で解説した ASCII コードで表現できる文字集合は，図 11 – 1 に含まれる文字の集合である。ひらがなの「あ」は，ここには含まれないため，ASCII コードでは表現できない。日本語を表現するためには，日本語の文字が入った文字集合を使う必要がある。コンピュータで扱う事を前提とした文字集合には符号が割り当てられており，これを符号化文字集合と呼ぶ。割り当てられる符号の形式は，符号化文字集合によって異なる。

(2) 文字符号化方式

符号化文字集合で定義されている符号をコンピュータ上のバイト列として表現する方法を，文字符号化方式と呼ぶ。1つの符号化文字集合に複数の文字符号化方式が定められていることが多い。これは，歴史的な理由のほか，文字符号化方式はそれぞれ異なる特徴を持っており，適する分野が異なるためである。また，複数の符号化文字集合を組み合わせて使う文字符号化方式も存在する。つまり，これまで用いてきた「文字コード」とは，符号化文字集合と文字符号化方式とを組み合わせたような概念である。

(3) JIS X 0208

JIS X 0208 は，日本の国家規格である JIS (Japanese Industrial Standards，日本工業規格) であり，日本語で使われる文字を収録した，もっとも基本的な符号化文字集合である。JIS X 0208 では，区点番号で識別される 94×94 の表に，ひらがな・カタカナ・漢字・ラテン文字・記号などが収録されている。図 11-4 に JIS X 0208 の符号表の全体図を示す。

区と点の組み合わせで，符号表上の位置を表す。例えば，ひらがなの「あ」は，上から4行目，左から2列目に収録されており，この位置を4区2点と表現する。1区から8区までは，記号・アラビア数字・ラテン文字・ひらがな・カタカナなどが収録されている。16区から47区までは第1水準の漢字が，48区から84区までは第2水準の漢字が収録されている。9区から15区までと，85区以降は，何も収録されていない空き領域である。

第1水準漢字は，使用頻度の高い 2,965 字の漢字である。日常的に使う漢字は，ほとんどが第1水準漢字の範囲内である。例えば，「放送大

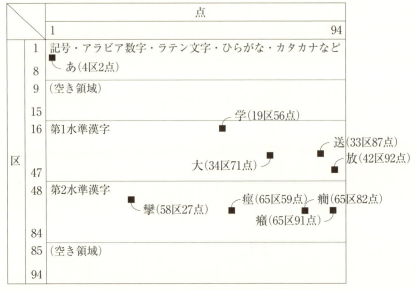

図 11 - 4 　JIS X 0208 の符号表の全体図

学」の 4 文字は，いずれも第 1 水準漢字である（図 11 - 4）。第 2 水準漢字は，第 1 水準漢字より使用頻度が少ない 3,390 字の漢字である。「癇癪」や「痙攣」は，いずれも第 2 水準の漢字である。第 1 水準と第 2 水準の漢字を用いれば，人名に使われる異体字や特別な分野を除いて，大半の日本語の文章が記述できる。

　JIS X 0208 を表現できる代表的な文字符号化方式は，以下の 3 つである。

Shift_JIS

　Shift_JIS は，JIS X 0201 と JIS X 0208 を表現できる文字符号化方式である。JIS X 0201 は，ASCII コードで表現できる文字集合にカタカナ

を加えた符号化文字集合であると考えてよい*4。JIS X 0208 の文字を Shift_JIS のバイト列にするためには，区番号・点番号に対して，決められた演算を行う。例えば，42 区 92 点に収録されている「放」のバイト列は，95FA となる。Shift_JIS や，その亜種は，パーソナルコンピュータで広く用いられている。

ISO-2022-JP

ISO-2022-JP は JIS コードとも呼ばれ，ASCII，JIS X 0201 の一部，JIS X 0208 を表現できる文字符号化方式である。制御文字 ESC（表 11-3 参照）から始まるエスケープシーケンスを用いて，符号化文字集合を切り替えながら使用する。「第 1 回」を ISO-2022-JP で符号化したバイト列を，図 11-5 に示す。このように，エスケープシーケンスの分だけ，バイト列が長くなる。ISO-2022-JP は，すべてが 7 ビットで表現できる（最上位ビットがすべて 0）という特徴がある。以前の電子メールシステムは，7 ビットコードしか送受信できなかった。そのため現在でも，日本語の電子メールを送受信するために ISO-2022-JP が用いられることが多い。

JIS X 0208 に切り替え	第	ASCII に切り替え	1	JIS X 0208 に切り替え	回	最後は ASCII に戻す
1B 24 42	42 68	1B 28 42	31	1B 24 42	32 73	1B 28 42

図 11-5　ISO-2022-JP で表現した「第 1 回」

EUC-JP

EUC-JP は，ASCII，JIS X 0201 の一部，JIS X 0208，JIS X 0212 を表現できる文字符号化方式である。JIS X 0212 は，JIS X 0208 には含まれ

---

*4　厳密には多少異なる。

ない補助漢字と呼ばれる漢字や記号を収録した符号化文字集合である。EUC は，Extended Unix Code の頭字語であり，その名のとおり，Unix 系の OS で広く用いられていた。現在は，EUC-JP の代わりに，後述の Unicode（UTF-8）を用いるシステムの方が多い。

（4）Unicode

　JIS X 0208 では，主に日本語と英語しか表現できない。中国語やドイツ語を表現するためには，それぞれ別の符号化文字集合を用いる必要がある。これに対して，世界中の文字を 1 つの文字集合で表現するための符号化文字集合が Unicode である。ヨーロッパで使われるアルファベット，中東で使われる右から左に書く文字，アジアで使われる文字など，すべての主要な言語で使われる文字を含んでいる。通常の文字のほか，数学記号や絵文字など，各種の記号類を収録している。符号化文字集合では，文字が収録されている位置をコードポイントという。Unicode では，中国，日本，韓国などで使われる主要な漢字をまとめ，字源が同じで字体もほぼ同じ文字に同一のコードポイントを割り当てている。これを CJK 統合漢字という。図 11-6 に，CJK 統合漢字の例を示す。

　Unicode は 16 ビットの符号化文字集合として開発が始まったが，現在は 21 ビットとなっている。Unicode の符号空間は，利便性のため，「面」と呼ばれる 16 ビットごとの領域に分割して考える。主要な文字の大部分は第 0 面，つまり 16 ビットで表せる領域に格納されており，この面を BMP（Basic Multilingual Plane，基本多言語面）と呼ぶ。JIS X 0208 のひらがな，カタカナ，漢字は，そのすべてが BMP に収録されている。Unicode では，第 0 面から第 16 面までの計 17 面を使用する。

　Unicode のコードポイントは，接頭辞「U+」に続けて，BMP に収録されている文字は 4 桁，第 1 面以降の文字は 5〜6 桁の十六進数で表現

第 11 章　テキストの符号化　｜　201

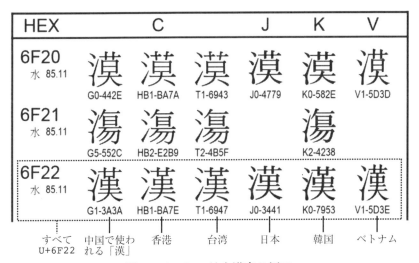

図 11 - 6　CJK 統合漢字の例*5

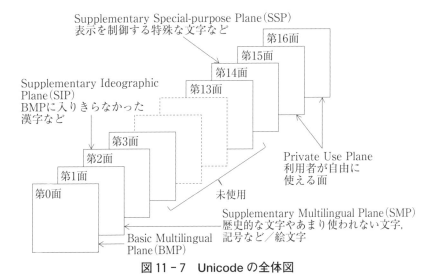

図 11 - 7　Unicode の全体図

＊5　画像出典：https://www.unicode.org/charts/PDF/U4E00.pdf，Unicode, Inc., Unicode 10.0 Character Code Charts，参照日：2018 年 1 月 2 日。

する。例えば，ラテン文字の「A」とひらがなの「あ」は，どちらもBMPに収録されており，コードポイントは，それぞれU+0041，U+3042である。Unicodeの符号空間は，U+0000〜U+10FFFFである。Unicodeの全体図を，図11-7に示す。

Unicodeの文字符号化方式の1つがUTF-8である。UTF-8は，Unicodeのコードポイントに対して決められた演算を行い，1つの文字を1〜4バイトで表現する。ひらがな，カタカナ，およびBMPに収録されている漢字は3バイトとなる。1バイトから4バイトの文字をすべて含む例として，「🐱のaはæ」をUTF-8で符号化したバイト列を，図11-8に示す。猫の顔の絵文字である「🐱」は，Unicodeの第1面（SMP）に含まれ，コードポイントはU+1F431である。

🐱				の			a	は			æ	
F0	9F	90	B1	E3	81	AE	61	E3	81	AF	C3	A6

図11-8　UTF-8で表現した「🐱のaはæ」

Unicodeとほぼ同等の規格が，ISO（国際標準化機構）によりISO/IEC 10646として標準化されている。また，ISO/IEC 10646に対応する規格が，JISにおいてJIS X 0221として標準化されている。Unicodeは，OSや各種ソフトウェアの内部コードとしての利用が進んでいる。

3. 文字コードにまつわる留意事項

（1）重複符号化

例えば，Shift_JISを使う場合，英数字やカタカナは，JIS X 0201にもJIS X 0208にも含まれる。つまり，これらの文字は2通りのバイト

列を持つことになる。例えば，Shift_JIS で表した JIS X 0201 の「ア」のバイト列は B1 であり，JIS X 0208 の「ア」のバイト列は 8341 である。このように，同じ文字に対して複数通りのバイト列が対応していることを，重複符号化という（表 11 - 4）。重複符号化は，Shift_JIS に限らず，日本で用いられる多くの文字符号化方式でみられ，トラブルの原因となることがある。俗に，JIS X 0201 で表現された文字を「半角」，JIS X 0208 で表現された文字を「全角」と呼ぶ。Unicode においても，互換用に半角形・全角形が収録されている（表 11 - 4）。

表 11 - 4　重複符号化の例*6

文字	Shift_JIS		UTF-8	
	JIS X 0201 のバイト列	JIS X 0208 のバイト列	半角形のバイト列	全角形のバイト列
A	41	8260	41	EFBCA1
ア	B1	8341	EFBDB1	E382A2
ガ	B6 DE	834B	EFBDB6 EFBE9E	E382AC
1	31	8250	31	EFBC91
％	25	8193	25	EFBC85

（2）包摂

漢字は機械的に作られたものではなく，歴史の中で発展してきた。このため，同じ使われ方をする漢字でも異なる字体が用いられることがある。これらの文字を異体字と呼ぶ。身近な例では，渡辺さんの「辺」や斉藤さんの「斉」が多数の異体字を持つことが知られている。符号化文

---

*6　半角のガは，「カ」と濁点の 2 文字。

字集合は，すべての異体字を異なる文字として収録するのではなく，複数の異体字を代表して1つの文字として収録している。このとき，ある文字にはどの異体字が含まれるかを明確にすることが重要である。JIS X 0208 の用語では，ある文字がどのような字体差を包摂（包含）するかの規則を，包摂規準と呼ぶ。

（3）環境依存文字

　コンピュータメーカやソフトウェア会社が独自に文字コードを拡張し，異なる環境では正しく閲覧できない文字を環境依存文字，または機種依存文字と呼ぶ。有名な例では，Microsoft Windows における丸数字（①，②，③，…）やローマ数字（Ⅰ，Ⅱ，Ⅲ，…）が挙げられる。これらは，JIS X 0208 の空き領域（図 11-4 参照）に，独自に文字を収録したものである。ただし，Unicode には，丸数字やローマ数字が収録されているため，これらが必ずしも環境依存文字とは言えなくなった[*7]。環境依存文字を Web ページや電子メールで使用すると，問題が起こることがあるため注意が必要である。

[*7] Shift_JIS で使えば環境依存文字であるが，UTF-8 で使えばそうではない。

演習問題

【問題】

11.1　ASCII コードで「30% Off!」と記述したときのバイト列を，十六進で示せ。

解答

11.1　33　30　25　20　4F　66　66　21

参考文献

[1] 『情報技術―文字符号の構造及び拡張法 JIS X 0202：1998』（日本規格協会）
[2] 『7 ビット及び 8 ビットの 2 バイト情報交換用符号化漢字集合 JIS X 0208：1997』（日本規格協会）
[3] 『国際符号化文字集合（UCS）　JIS X 0221：2007』（日本規格協会）
[4] 『The Unicode® Standard Version 10.0 - Core Specification』（The Unicode Consortium）
[5] 安岡孝一・安岡素子『文字符号の歴史　欧米と日本編』（共立出版，2006 年）

12 | 音の符号化

浅井紀久夫

《**目標&ポイント**》 音楽 CD や電話，オーディオ処理において，音の情報がどのように符号化されているかを学ぶ。音はその用途に応じて，要求される品質が異なる。音データの主な圧縮符号化方式として，音楽 CD などに使われる波形符号化，携帯端末による通話などに応用される分析合成，音楽配信メディアなどに利用される聴覚心理符号化があり，これらの概要を理解する。
《**キーワード**》 音信号，波形符号化，PCM，分析合成，LPC，聴覚心理符号化，MP3

1. 音と圧縮技術

（1）音とメディア

　マルチメディア通信では，ネットワークの伝送容量を節約したり，記録メディアに効率的に記録したりするため，情報を圧縮する。そのための圧縮符号化技術には，情報の品質を落とすことなく，できるだけ少ないデータ量に縮減することが求められる。

　圧縮符号化[*1]に要求される技術は，その目的や用途によって異なっている。音声によるコミュニケーションでは音声情報によってその内容が伝わればよいので，音の品質はあまり要求されないが，低遅延の必要がある。一方，音楽の再生では音そのものを楽しむので，音に対して高い品質が要求される。さらに，音を記録したり高品質で放送したりする場合，元の音を完全に復元することが要求されよう。

[*1] 本来，圧縮と符号化とは同義ではない。符号化は，記号系列を符号系列に変換することである。圧縮は，情報のデータ量を削減することである。データを符号化，あるいは部分的に削除することにより，データが圧縮されるのである。

2000年代中頃までは，音楽用デジタルメディアとしてCDやMD[*2]が主に使われていた。その後，インターネットの普及に伴い，音楽ファイルをダウンロードして再生したり，ストリーミング配信したりする音楽配信メディアが出現した。オーディオを再生するには，パソコンや携帯オーディオ端末，携帯電話機などが使われる。また，デジタル放送や映像を伴った音楽DVD，ホームシアターとして5.1チャンネルオーディオを楽しめるBlu-ray Discビデオなど，多種多様なデジタルメディアが使われるようになった。

(2) 音の圧縮技術の分類

　音の圧縮技術は主に，波形符号化，分析合成，聴覚心理符号化の3つに分類される。波形符号化[*3]は音の波形の特徴を利用して波形そのものを符号化するものであり，音楽CDなどに利用される。波形符号化の代表的手法として，PCM[*4]（パルス符号変調），log-PCM[*5]，ADPCM[*6]がある。分析合成[*7]は音声を分析して音声生成モデルに基づくパラメータで符号化するものであり，その発展技術が携帯電話やインターネット上の音声交換などに利用されている。分析合成の代表的手法としてLPC[*8]（線形予測符号化），波形符号化との混合モデルとしてCELP[*9]などがある。聴覚心理符号化[*10]は人間の聴覚特性を利用するためのさ

[*2] Mini Disc。デジタルオーディオの光学ディスク記録方式，もしくは，そのメディアを指す。2010年代前半には使用できる機器の販売がなくなっている。後に述べる圧縮符号化方式ATRACが採用された。
[*3] 符号化の際に情報損失がほとんどないという意味で，ロスレス符号化と呼ばれることがある。
[*4] Pulse Code Modulation。
[*5] logarithmic PCM。
[*6] Adaptive Differential PCM。
[*7] 主に音声を符号化するので，音声信号符号化と呼ばれることがある。
[*8] Linear Predictive Coding。
[*9] Code Excited Linear Prediction（符号励振線形予測）。
[*10] 主に音響信号を符号化するので，音響信号符号化と呼ばれることがある。

まざまな処理を施して符号化するものであり、音楽配信メディアなどに利用される。聴覚心理符号化の代表的手法として、MP3[11]のほか、ATRAC[12]やAAC[13]などがある。表12-1に、音の圧縮技術の分類を示す。PCMは可逆圧縮であるが、ADPCMや聴覚心理符号化は非可逆圧縮である。可逆圧縮は、元のデータを完全に復元する。一方、非可逆圧縮は部分的にデータを削除するので、元のデータを完全には復元できない。

表12-1 音の圧縮技術

技術	用途	圧縮符号化
波形符号化	音楽CD、固定電話、WAV[14]ファイル	PCM, log-PCM, ADPCM
分析合成	携帯電話、VoIP[15]	LPC, CELP
聴覚心理符号化	MD、音楽配信	ATRAC, MP3, AAC

(3) 音の強さと高さ

音は、気体や固体などの媒質を伝わる振動である。例えば、目の前にいる人が話しかければ、その人の音声が空気を伝わって聞こえる。この場合、この人の音声は声帯が振動することによって発せられ、この振動

---

[11] MPEG Audio Layer-3。ビデオ圧縮符号化方式MPEG-1（あるいはMPEG-2）のオーディオ規格。

[12] Adaptive TRansform Acoustic Coding。ソニーによって開発された圧縮符号化方式であり、技術の進展に伴って新しい規格（ATRAC2, ATRAC3等）に改良された。

[13] Advanced Audio Coding。ビデオ圧縮符号化方式MPEG-2（あるいはMPEG-4）オーディオ規格の一つ。

[14] WAVeform audio format。音データのファイル形式であり、主にWindows OSで使われる。

[15] Voice over Internet Protocol。音声を符号化して圧縮し、インターネット上でリアルタイムに音声交換する技術。

が空気を伝わって耳に到達する*16。音の発生源は音源と呼ばれる。

音が伝わると，エネルギーが伝達される。音の強さは，単位面積当たり，単位時間当たりのエネルギー（単位面積当たりのパワー）として表される*17。一般に，音の強さは音圧レベル*18 [dB]で表現される。また，音の振動具合によって音の高さが決まり，音の高さは周波数[Hz]で表現される。図12-1 に，日常生活における音の平均的な強さと高さを示す。

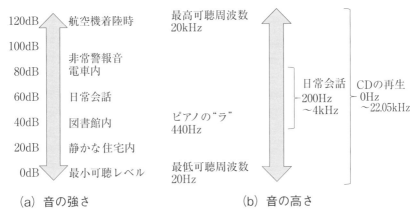

図 12-1　日常生活における音の強さと高さ

---

*16　振動の伝わりは波である。音は空気などを伝わる波であり，音波と呼ばれる。音の伝わりに伴い，空気の圧力が上がったり下がったりする。基準圧力からの変動分は，音圧と呼ばれる。

*17　人間の可聴音の強さは，10^{-12} W/m² から 1 W/m² 程度である。

*18　音圧の大きさを，基準の音圧に対する比の対数で表現した量である。単位として，デシベル[dB]を使う。人間の感覚量は指数関数的に変化するため，音圧レベルも対数を取って表現される。ただし，常用対数では 1 が 10 倍に対応するため，単位として粗すぎる。そこで，補助単位 d（デシ，$\frac{1}{10}$ を意味する）をつける。例えば，音響パワー p_0 に対する p は，$10 \log_{10}\left(\frac{p}{p_0}\right)$ [dB]となる。相対的な値を表す単位であることに注意する。対数については，第 3 章を参照のこと。

2. 波形符号化

(1) PCM

　音信号をデジタルデータとして扱うには標本化と量子化を行い，アナログ信号をデジタル信号に変換する[*19]。PCMでは，標本化・量子化されたデジタル信号を，二進数（0と1）の符号（2元符号）に対応させる。二進数で表す利点は，電気信号の有無として記録しやすいことである。図12-2に，PCM符号化の処理工程を示す。

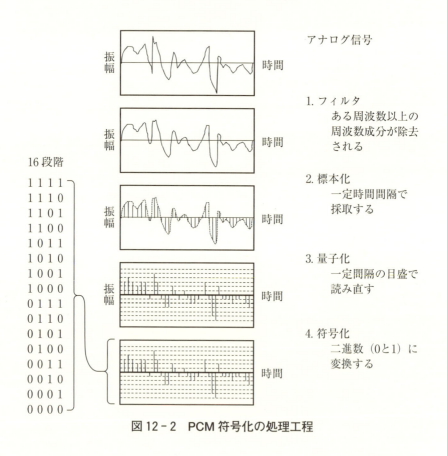

図12-2　PCM符号化の処理工程

[*19] アナログ・デジタル変換。標本化と量子化については，第1章を参照のこと。

フィルタは低域通過フィルタであり，ある周波数[20]以上の周波数成分を減衰させる。図12-2のフィルタ後の波形は，「細かいギザギザ」が取り除かれている。標本化は，連続した信号を一定時間間隔でとった離散的な信号にする。つまり，「とびとびの間隔」で採取した値になる。量子化は，連続的な信号の振幅値を離散的な振幅値にする。つまり，予め決められた「とびとびの値」になる。符号化は，離散的な信号の値を二進数に変換する。16段階に量子化された離散信号は，4桁の0と1の組合せで表される[21]。

（2） log-PCM

音信号をPCMで符号化するとき，以下の2点によって符号化の程度が異なる[22]。
（i）標本化周波数（どんな間隔で標本化するか）
（ii）量子化レベル（どんな間隔で量子化するか）
例えば，PCMを電話音声に適用するには，音声通話に支障がないように標本化周波数と量子化レベルを設定する。電話音声の符号化では，標本化周波数を8 kHzに設定することが多い。標本化定理[23]によれば，4 kHzまでの成分を持つ音を再現できるが，折り返し歪み[24]があるため，電話の周波数帯域は上限3.4 kHzに制限されている。

量子化は，線形量子化と非線形量子化に分けられる。線形量子化は，

---

[20] この周波数は遮断周波数と呼ばれ，一般に通過域の利得から3 dB落ちた周波数を指す。
[21] $16 = 2^4$，つまり4ビットで量子化されたことを示す。256段階であれば，8ビットで量子化される。
[22] CD (Compact Disc) では44.1 kHzで標本化され，16ビットで量子化される。
[23] 信号を正確に標本化するには，元の信号に含まれる周波数の2倍以上の周波数で行う必要がある。標本化定理については，第1章や参考文献［1］等を参照のこと。
[24] 標本化された信号に，擬似的な信号が雑音として出現することを指す。詳細は参考文献［1］等を参照のこと。

入力信号の大きさを均等間隔に量子化する。一方，非線形量子化は，入力信号の大きさを均等でない間隔で量子化する。音声信号には，振幅の大きいものが少なく，振幅の小さいものが多い（図12-3(a)）。図12-3(b)に，音声信号の振幅に対する度数分布を示す[*25]。振幅の小さい信号の方が圧倒的に多いことがわかる。もし，信号の振幅が小さいとき，量子化の間隔（量子化幅）を小さくできれば，量子化誤差を小さくできる。しかし，量子化幅を単に小さくすると，データ量が多くなってしま

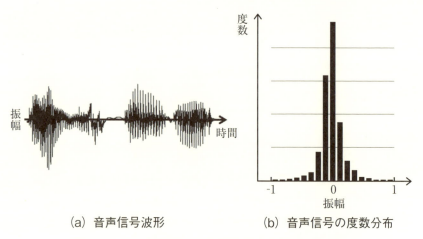

(a) 音声信号波形　　　　　(b) 音声信号の度数分布

図12-3　音声信号とその振幅に対する度数の分布

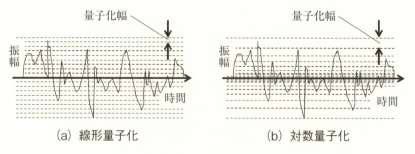

(a) 線形量子化　　　　　　(b) 対数量子化

図12-4　量子化の種類

---

*25　振幅は，一般には信号の振れ幅を表す。ここでは-1〜+1に規格化してある。

う。そこで，大きい信号は粗い間隔で，小さい信号は細かい間隔で量子化すれば，少ないビット数でも音質の劣化を抑制できる[*26]。量子化幅を対数に取った量子化を，対数量子化という。対数量子化を用いた PCM は log-PCM と呼ばれ，固定電話に利用されている。図 12-4 に，線形量子化と対数量子化の例を示す。

(3) DPCM

音声信号は，一般に低い周波数成分を多く持つため，標本化された値の変化は大きくない。それに，標本化周期が短ければ，音声信号の隣接する値の変化は小さい。そのため，標本値をそのまま量子化するよりも，標本値の間の差を量子化した方が少ない量子化レベルで済む。このように標本値の差分を量子化して PCM を行う手法を，DPCM[*27]（差分 PCM）という。図 12-5 に DPCM の例を示す。

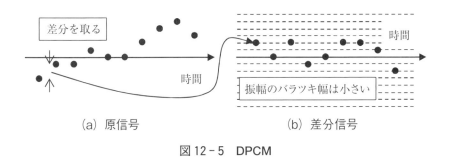

図 12-5　DPCM

(4) ADPCM

DPCM は標本値の差分を取るため，標本値の変化が小さい場合には都合がよい。しかし，標本値の変化が大きいと，通常の PCM よりも大きな値を取る場合がある。例えば，量子化レベル 256 の PCM が -128～

[*26] 人間の聴覚は小さな音の変化に敏感であり，大きな音の変化には鈍感である。詳しくは参考文献［2］等を参照のこと。

[*27] Differential PCM。

+127の標本値を取るとき，その差分は−255〜+255の値を取る。変化の小さい部分と変化の大きい部分が混在した信号では，差分の変化も大きくなる。こうした信号を均等間隔で量子化していては，狭い量子化幅に伴うデータ量の増加，もしくは，広い量子化幅に伴う小差分信号の量子化誤差の増加を引き起こす。

　この問題を改善するのが，ADPCM（適応差分PCM）である。ADPCMでは，標本値の差分を量子化する程度を，差分の大きさに応じて変化さ

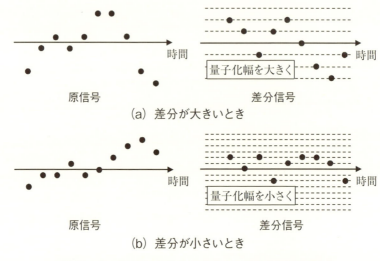

図12-6　差分の大きさに合わせて量子化幅を変更

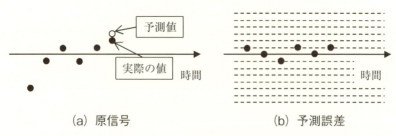

図12-7　予測誤差の量子化

せる。つまり，信号の変化が小さい部分で細かく量子化し，信号の変化が大きい部分で粗く量子化する[*28]（図12-6）。ADPCMでは，差分をある標本値とその前の標本値との間から求めるのではなく，ある標本値と過去の標本値から予測した値との間から求める。音声信号は振幅値の連なったものと考えることができるので，過去の値から現在の値をある程度予測できる。完全に予測することは不可能であるため，予測した値と実際の標本値との間には予測誤差が生じる。一般に，予測誤差は単に隣接する標本値の間の差分をとるよりもばらつきの幅が小さい（図12-7）。したがって，少ない量子化ビット数で量子化できる。ADPCMは，予測誤差を適応的に量子化することにより高い圧縮率を実現している。

3．分析合成

（1）発声の仕組み

PCMでは，符号化の対象は音一般であった。もし，音声に限定すれば，音声の特性を使って効率的に符号化できる。声は声帯で発生し，声道を通って発せられる（図12-8(a)）。声帯の振動は肺から送られた空気の流れを断続的に変化させ，音声の音源となる[*29]。この段階ではまだ声になっておらず，単調なブザー音のような状態であるが，声帯は声の高さを形づくる。声道はその形を，舌や唇を使ってさまざまに変化させ，声帯からの音に音韻をつける。つまり，音声を特徴づけるものは，声帯では主に声帯の振動具合（波形[*30]と基本周波数[*31]）であり，声道

[*28] この量子化手法は，適応量子化と呼ばれることがある。
[*29] 声を出しているとき，喉の辺りを触ってみると，振動していることが感じられる。
[*30] 波形の立ち下がり（声帯の閉じ方）が急峻であると「張りのある」声に聞こえ，緩やかであると「優しい」声に聞こえる[3]。
[*31] 有声音の基本周波数に相当するもので，男性は平均約120 Hz，女性は平均約240 Hzである。会話では基本周波数は常に一定ではなく，アクセントや文頭・末尾などで変化する[3]。

では主に声道の長さ[*32]と形状（断面の形や面積）である。そこで，発声機構を声帯と声道とに分け，図12-8(b)のような音源と音響管にモデル化して考える。音源は声帯に，音響管は声道に相当する。

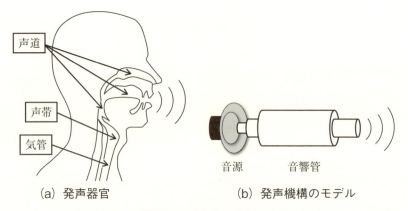

(a) 発声器官　　　　　　　　(b) 発声機構のモデル

図12-8　発声の仕組み

　音声波形を，声帯情報を表す音源と声道情報を表す音響管とに分解して，これらの特性をパラメータだけで表現すれば，情報量を減らすことができる。単純なモデルでは，音源の特性[*33]を音の高さ（ピッチ周期）と強さ（パルスの大きさ）で，音響管の特性を音声合成フィルタ[*34]（フィルタ係数）で表現する。つまり，声帯を表す音源の情報と声道を表す音響管の情報に分けて，別々に符号化することを考える[*35]。そこで，音声波形から音源のピッチ周期やパルスの大きさ，音響管のフィルタ係数といったパラメータを近似的に抽出することに，線形予測器が使われる。図12-9に，分析合成処理の主な流れを示す。

[*32]　声道は，成人で男性の方が女性よりも20%程度長いため，男性の方が太い声になる[3]。
[*33]　有声音はパルスで，無声音は白色雑音で近似される。
[*34]　線形予測器と逆フィルタの関係にある。
[*35]　このように，音声波形を直接処理するのではなく，声帯と声道に対する情報に分解して符号化する音声符号器を，ボコーダと呼ぶ。

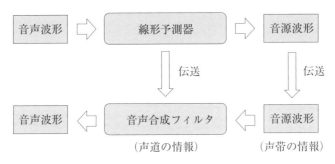

図 12 - 9 　分析合成処理の流れ

　ここでは，予測の代表的手法として線形予測[*36]による方法を説明する。この方法は，線形予測符号化（LPC）と呼ばれる。図 12 - 10 に，線形予測の概念図を示す。この図の中では，入力音声信号の標本値が数値で表されている。線形予測は，標本値を，それ以前の標本値に係数をかけて足した値で予測する。この予測値と実際の標本値との差が残差となる。およそ数 10 ms の間隔で予測残差を最小にする予測係数[*37]を計算すれば，予測係数と予測残差から元の信号を再構成できる。予測残差は標本値に比べて小さいので，予測残差を量子化する方が標本値を量子化するよりもデータ量を少なくできる。予測係数を必要とするが，その数は標本値の数に比べて大幅に少ない。ここで，声帯の情報が予測残差に，声道の情報が予測係数におおよそ対応する[*38]。

[*36] 現在の標本値を，過去の標本値の線形結合によって予測する手法を指す。音声信号は連続しているので，過去のデータから現在のデータを近似値として推定できる。

[*37] 数 10 ms の間は，同じ予測係数を使う。この間は，信号が大きく変化しないと仮定している。声道の形は急には変えられない。

[*38] 予測係数は，音声スペクトルに対して量子化誤差に伴う影響を及ぼしやすい。そのため，実際の符号化では，予測係数と等価な情報として PARCOR（PARtial auto-CORelation：偏自己相関）や LSP（Line Spectrum Pair：線スペクトル対）といったパラメータが用いられる。詳しくは，参考文献 [4] 等を参照のこと。

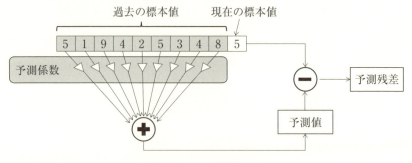

図 12-10　線形予測

　波形符号化はビットレート[39]が高ければ，高品質が維持される。しかし，ビットレートが下がると，急激に品質を低下させる。分析合成では，低いビットレートでも比較的品質が保たれやすいが，ビットレートを上げたからといって極端に品質が改善されるわけではない。そこで，両者をうまく用いたハイブリッド方式[40]が考案された。比較的低いビットレートでもある程度の品質を保持した音を構成でき，携帯電話での双方向音声通話に応用されている。

4．MP3

（1）MP3 の符号化処理

　MP3 は動画圧縮符号化方式 MPEG-1 のオーディオ規格[41]（MPEG-1 のオーディオ・レイヤ Ⅲ）の略称であり，オーディオファイル形式としても広く普及している。MP3 は聴覚心理符号化を利用しており，人間の聴覚には届きにくい部分を削除してデータ量を少なくした非可逆圧縮

---

[39]　単位時間に処理（あるいは転送）されるデータ量（ビット数）を表す。
[40]　代表的なハイブリッド方式が CELP である。
[41]　国際標準 ISO/IEC 11172-3。JIS 規格（X4323：デジタル記録媒体のための動画信号および付随する音響信号の 1.5 Mbps 符号化—第 3 部音響）にもなっている。

を行っている。そのため，可聴範囲では極端な音質劣化を伴わずに高い圧縮率を実現できる*42。MP3 では，音響信号を元のデータ量の約 $\frac{1}{10}$ まで圧縮する。

　図 12-11 に，MP3 の符号化処理の主な流れを示す。MP3 では周波数帯域に応じてデータ削減の程度を変えるので，まず，周波数帯域を分解し，音が低いのか高いのかで，音響信号を分割する。この周波数帯域の分割処理は，サブバンド分割と呼ばれる。次に，MDCT*43（修正離散コサイン変換）で，サブバンド分割された音響信号を周波数成分に分解する。このとき，聴覚心理モデルで判断された間隔で周波数分解する*44。次に，量子化を行い，離散的な値に変換する。このとき，聴覚心理モデルでの判断に基づき，周波数領域に対するビット割り当て数が決められる。つまり，重要な周波数領域には多くのビットを割り振り，重要でない周波数領域には少ないビットが与えられる。そして，ハフマン符号化により，出現頻度に応じて符号の割り当てを行う。

---

*42　MP3 のデータは元の音響信号を完全には復元せず，音質が劣化する。この劣化は，人間が気づかない程度であると一般には言われている。ただし，オーケストラ演奏など周波数帯域の広い楽曲では，音質低下が生じやすい。
*43　Modified Discrete Cosine Transform。離散信号に対する周波数変換の 1 つで，DCT に修正を加えたものである。離散フーリエ変換では複素正弦波を基底として直交変換を構成するため，複素数の演算となる。DCT では，余弦波（コサイン）を基底として直交変換が構成され，実数だけの演算となる。離散フーリエ変換および離散コサイン変換の詳細については，参考文献 [5] 等を参照のこと。
*44　信号が急峻に変化するときには短い間隔で MDCT を行い，時間分解能を上げる。

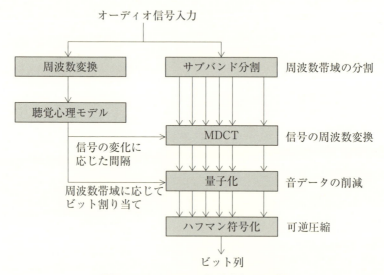

図 12-11　MP3 の符号化処理工程

　聴覚心理モデルでは，大きな音に近い周波数の音や，大きな音が出た前後の小さな音は知覚しにくいので，データ削減の対象となり，後のMDCT や量子化に反映される。DCT については，第 13 章で詳しく扱う。量子化については，本章 PCM のところで扱った。ハフマン符号化は，すでに第 9 章で扱った。ここでは，サブバンド分割と聴覚心理モデルについて述べる。

（2）サブバンド分割

　サブバンド分割の処理は，信号の周波数帯域を分割し，その分割した周波数帯域ごとの信号に対して，基準のサンプリング周波数を分割数で割って得られたサンプリング周波数でサンプリングし直す[*45]。そして，サブバンドごとに符号化が行われる。サブバンド分割の利点は，主に量

[*45]　分割数が 32 なら，$\frac{1}{32}$ のサンプリング周波数となる。信号はサブバンド分割された後，MDCT が施されるため，さらに小さな単位に周波数分解される。

子化や符号化における帯域選択による，偏り抽出の容易化である．音の周波数成分をグラフに表示したものを見ると，その楽曲の周波数成分が大まかにわかる（図12-12）．通常，真ん中辺りの中音域が多く，左右の低音域および高音域が少ない．人間の聴覚特性にも偏りがある．人間は高音域の音量変化には鈍感であり，低音域の音量変化に敏感である．こうした偏りを使って，効率的にデータを削減する．サブバンド分割の利点には，サンプリング周波数を下げることに伴う処理負荷の軽減や並列処理による高速化なども含まれる．

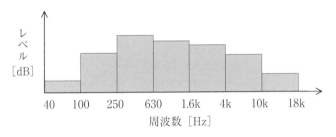

図12-12　音の周波数成分表示

(3) 聴覚心理モデル

　聴覚心理モデルでは，人間の聴覚特性を考慮してデータを削減する部分を決定する．音響信号を周波数変換[46]し，聴覚心理モデルに基づいて「どの部分を削るのか」の判断基準を与える．聴覚心理モデルでは，主に最小可聴限界とマスキング効果を利用している．

　最小可聴限界とは，辺りが静かなときに聴くことができる音の大きさの最小レベルである．音の大きさは，音の高さ，つまり周波数に依存するため，音の周波数に応じてデータを削減する．聴覚心理モデルの前段にある周波数変換[47]は，この周波数に応じて処理する際に役立つ．例

---

[46] 時間軸の信号を，周波数軸に変換する．信号に含まれる周波数成分を知るときに利用される．

[47] ここでは，フーリエ変換を指す．

えば，日常会話の周波数帯 3〜4 kHz 辺りは最も聴き取りやすく，比較的小さな音でも聴こえる．図 12-13 に，音の周波数に対する人間の最小可聴限界を示す．人間の最小可聴レベルより小さな音は聞こえないのであるから，これらのデータを削除してしまっても音質には影響しないと考えられる．

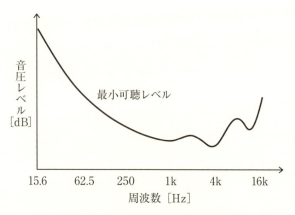

図 12-13　人間の最小可聴限界[2]

マスキング効果とは，大きな音が鳴ったとき，小さな音が聴き取りにくくなる現象である．例えば，大きな音が鳴ったとき，そのすぐ後に小さな音が鳴っても聞こえない．また，大きな音が鳴ったときは，そのすぐ前に小さな音が鳴っても聞こえない．マスキング効果の時間範囲は，約 $\frac{1}{100}$ 秒である．図 12-14(a) に，時間軸上のマスキング効果を示す．

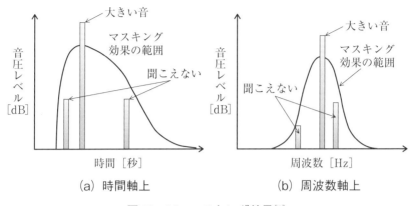

図 12 - 14　マスキング効果[2]

　実は，このマスキング効果も音の周波数に依存する。似通った周波数の音が鳴れば，マスキング効果は大きい。1 kHz 以下の比較的低い周波数では，約 100 Hz の範囲でマスキング効果が生じる。1 kHz 以上の周波数では，周波数に比例してその範囲が大きくなる。図 12 - 14 (b) に，周波数軸上のマスキング効果を示す。

演習問題

【問題】

12.1 音声信号が8ビットで量子化されていれば，何段階で記録されているか。また，固定電話などに使われるlog-PCMには，対数特性によって幾つかの種類がある。代表的な方式について調べよ。

12.2 音声データを8 kHzで標本化した。周期20 msで線形予測符号化（分析合成）するとき，1周期に含まれる標本値はいくつあるか。また，その符号化されたデータにはどのような情報が含まれているか述べよ。

12.3 聴覚心理符号化で使われる人間の聴覚特性は何か述べよ。

【解答】

12.1 $2^8 = 256$ 段階で記録されている。

代表的なlog-PCMとして，μ-law方式とA-law方式がある。前者は日本やアメリカで広く使われており，後者はヨーロッパを中心に使われている。両者は，量子化幅やダイナミックレンジなどに若干の違いがある。

12.2 サンプリングレート 8 kHz の標本値の個数は，20 ms では
$$8 \times 10^3 \times 20 \times 10^{-3} = 160$$
である。

分析合成では，音声波形を，声帯情報を表す音源と声道情報を表す音響管にモデル化して，その特性をパラメータだけで記述する。したがって，音源の特性（音の高さと強さなど）と音響管の特性（音声合成フィルタ）に関する情報が含まれる。

12.3 聴覚心理符号化では，最小可聴限界の周波数特性，マスキング効果（時間軸，周波数軸）といった聴覚特性が主に使われ，データ量を削減する。

参考文献

[1] 小畑秀文・浜田望・田村安孝（著），計測自動制御学会（編）『信号処理入門』（コロナ社，2007 年）
[2] B.C.J. ムーア『聴覚心理学概論』（誠信書房，1994 年）
[3] 鈴木陽一ら（著），日本音響学会（編）『音響学入門』（コロナ社，2011 年）
[4] 守谷健弘『音声符号化』（電子情報通信学会，1998 年）
[5] 高橋信『入門信号処理のための数学』（オーム社，2007 年）

13 | 画像の符号化

浅井紀久夫

《**目標&ポイント**》 コンピュータ上で画像情報がどのように符号化されているかを学ぶ。画像圧縮符号化の代表的方式としてJPEGがあり，デジタルカメラなどの画像ファイルの圧縮に使われている。画像データの圧縮処理は，色情報を削減する手法や空間周波数への変換を用いる手法などが巧みに組み合わされて，実現されている。画像の表現方法について知り，画像データの圧縮符号化について概要を理解する。
《**キーワード**》 画像の表現，離散コサイン変換，量子化，エントロピー符号化，JPEG

1. 画像の表現方法

（1）デジタル画像とファイル形式

　デジタル画像は，2次元面における画素（画像を構成する単一色区画の最小単位）の集まりである。各画素は明るさの情報を画素値[*1]として持っており，三原色[*2]それぞれの画素値をもっていればカラー画像となる[*3]。図13-1に，カラー画像の画素と画素値を示す[*4]。画像が，1つ1つの画素から構成されていることがわかる。

---

*1 濃度値，濃淡値ともいう。
*2 三原色については，本節（2）で説明する。
*3 明るさに関する情報だけをもつならば，グレースケール画像になる。
*4 印刷の関係で，グレースケールで表示している。

図 13-1　カラー画像の画素と画素値

　デジタル画像では，2次元面に色が配置されており，画像の描画は「左から右」「上から下」といった順番で各画素の色を塗る．このとき，画像の水平方向の画素の並びを走査線，あるいは，スキャンラインと呼ぶ．

　デジタル画像の代表的な圧縮規格として，JPEG[5]がある．デジタルカメラのデジタル画像を圧縮する方式として広く使われており，元画像のデータ量を $\frac{1}{10}$ から $\frac{1}{20}$ くらいに圧縮することができる．JPEGでは，元画像を完全に復元できる可逆圧縮が可能であるが，一般には元画像を完全には復元できない非可逆圧縮が使われる[6]．

　JPEG は圧縮方式であり，ファイル形式でもある．圧縮方式として JPEG を採用しているが，JPEG と異なるファイル形式も存在する．デジタルカメラの画像ファイルには JPEG が利用されることが多いが，他の用途では別のファイル形式が使われることもある．表 13-1 に，デジタル画像の代表的なファイル形式を示す．拡張子はファイルの種類を識別する文字列であり，ファイル名の末尾に付けられる．

---

[5]　Joint Photograph Experts Group．デジタル画像の規格を策定する団体の名前であり，団体名が規格の名称にもなっている．
[6]　デジタルカメラのデジタル画像にも非可逆圧縮の JPEG が使われており，撮像素子で生成された生データによって構成される画像よりも画質が劣化しているものの，大幅なデータ量の削減が見込める．

表13-1 デジタル画像のファイル形式

ファイル形式	拡張子	代表的な用途等	圧縮方式
JPEG	jpg	デジタルカメラの画像	JPEG
BMP	bmp	Windowsで標準的なビットマップ画像[7]	RLE[8]
PICT	pic, pct	Mac OSで標準的だった形式の画像	JPEG, RLE
GIF[9]	gif	ホームページの画像	LZW[10]
PNG[11]	png	イラストの画像	Deflation[12]
TIFF[13]	tif, tiff	スキャナーの画像	JPEG, LZW, RLEなど

(2) 色の表現

　画像は，2次元的に色が配置された絵である。画像を表現するには，色をどう表現するかが重要である。人間が知覚する色は波長約380～780 nm（ナノメートル）の可視光である。例えば，450 nm近辺は青，550 nm近辺は緑，660 nm近辺が赤である。

　太陽光は可視光域のさまざまな波長を含み，白色光と呼ばれる。白色

---

[7] 画像の表現形式を表し，画像を画素の集まりで表現したもの。これに対して，幾何図形情報を数値や数式で表現するものを，ベクター画像という。

[8] Run Length Encoding（ランレングス符号化）。詳細については3.(3)を参照のこと。

[9] Graphics Interchange Format。パソコン通信を提供する会社CompuServeによって提供された。

[10] 開発者Lempel, Ziv, Welchの頭文字を取った。

[11] Portable Network Graphics。GIFの後継として開発された。

[12] Lempel, Zivの圧縮符号化とハフマン符号化の2段階で圧縮する方法。

[13] Tagged Image File Format。スキャナーから読み込んだビットマップ画像のファイル形式として使われ，解像度や色数，符号化方式などが異なるさまざまな形式を扱える。

光をプリズムで分光すれば，虹のように単色光に分かれる。つまり，単色光と光の波長は1対1に対応する。一方，任意の色は異なる複数の色を混合して表現することもできる。これを混色と呼び，互いに独立した3つの色を三原色という。

　白いスクリーンに異なる色を重ねて投影し，別の色を作るような混色を加法混色と呼ぶ。赤（R），緑（G），青（B）は加法混色の代表的な三原色で，光の三原色と呼ばれる。一方，白い紙に絵の具を混ぜ合わせて，別の色を作るような混色を減法混色と呼ぶ。シアン，マゼンタ，黄は減法混色の代表的な三原色で，色料の三原色と呼ばれる。図13-2に，三原色で表される代表的な混色を示す。

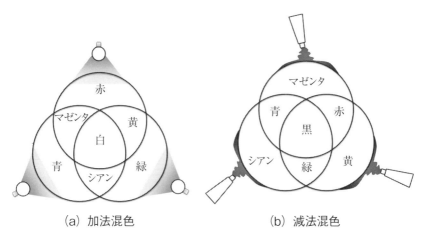

（a）加法混色　　　　　（b）減法混色

図13-2　三原色による色表現

　色を，心理学的な観点から色相，明度，彩度の3つの属性で表すこともある[*14]。色相は色合いを表し，色の違いを示す。明度は明るさを表し，濃淡を示す。彩度は鮮やかさを表し，色に白色や灰色，黒色がどの

[*14]　画家マンセルによって定義された。マンセルの色相環は心理的に等間隔に色が配置されるため，直感的でわかりやすいという特徴がある。

程度混ざっているかを示す[*15]。

人間の眼は，細かい模様を見るとき，明るさの変化に敏感である[*16]。そのため，明るさ（輝度）と色（色差[*17]）を別々に考え，明るさに多くの情報を割り当て，色の情報を間引けば効率的である。そこで，各画素を三原色 RGB で表現する代わりに，輝度色差表現を用いる[*18]。RGB 表現から輝度色差表現への変換には，次式のような変換式が使われる[*19]。

$$Y = 0.299R + 0.587G + 0.114B \tag{13.1}$$

$$C_b = -0.169R - 0.331G + 0.500B \tag{13.2}$$

$$C_r = 0.500R - 0.419G - 0.081B \tag{13.3}$$

ここで，R，G，B はそれぞれ赤，緑，青の色成分を表す。また，Y は輝度を，C_b および C_r は青色差および赤色差を表す。

（3）画質とデータ量

画像の画質は，画素数と濃淡段階数に比例する。画像が多くの画素により構成されていれば，細部まで表現できるため，高画質になる。この場合，画素数が多くなるので，データ量が増える。一方，画像が少数の画素により構成されていれば，細部まで表現できないため，低画質になる。この場合，画素数が少ないので，データ量も減る。図13-3に，同じ大きさの画像における画素数の変化を示す。画素数が少なくなると，細部が表現できなくなり，精度が落ちることがわかる。

[*15] 白や黒が全く混ざっていなければ，純色となる。

[*16] 空間周波数の高い領域では，輝度に対する感度の方が色に対する感度よりも高い。詳細は，参考文献 [1] などを参照のこと。なお，輝度と明度は厳密には異なる。輝度は RGB に重みを付けて計算した明るさで，明度は RGB のうち最大成分や最大最小の平均をとった明るさである。

[*17] 2つの色の差を表す指標の1つ。ここで示す C_b，C_r は輝度との差をとって定数倍している。

[*18] テレビ表示方式の NTSC（National Television System Committee）規格では，輝度色差表現が使われている。

[*19] 実際には，これらとは異なる変換式が使われることもある。また，式(13.1)は，カラー画像をグレースケール画像に変換するのにも用いられる。

(a) 600×600 画素　　(b) 100×100 画素　　(c) 50×50 画素

図 13-3　画素数に対する画質

　各画素がもつ画素値の濃淡を細かくするか，粗くするかでも，画質が影響を受ける。図 13-4 に，濃淡段階数を変えた画像を示す。濃淡を 256 階調で表せば，画像の濃淡が綺麗に表現されるが，濃淡段階数が大きいので，データ量は多い。一方，濃淡を 8 階調，2 階調と減らせば，データ量は減少するが，画像の濃淡が滑らかに表現できなくなる。濃淡が 2 階調のとき，二値画像[20]と呼ばれる。濃淡段階数が十分大きくないと，濃淡が一段階変化するときの境界が等高線のように見えることが

(a) 256 階調　　　　(b) 8 階調　　　　　(c) 2 階調

図 13-4　濃淡段階数に対する画質

---

*20　濃淡段階が 2 値だけでも，擬似的に濃淡を表すことはできる。この手法は，ハーフトーニングと呼ばれる。

ある。これを，擬似輪郭という。

　画像のデータ量は，基本的に画質と比例関係にある[*21]。画素数が増えて，濃淡段階数が増えれば，画質は上がるものの，その分データ量は増える。例えば，水平方向に720画素，垂直方向に480ラインある画像は，720×480＝345,600画素ある。濃淡段階数が8ビットであれば，256階調の濃淡がある[*22]。表13-2に，画素数と濃淡段階数とデータ量の関係を示す。

表13-2　画素数と色数とデータ量

画像サイズ	濃淡段階数	グレースケール/カラー	データサイズ
720×480	2（1ビット）	（2値）	約42 KB
720×480	256（8ビット）	グレースケール	約338 KB
720×480	256（8ビット）	カラー	約0.99 MB

2．画像の圧縮処理

（1）画像の圧縮符号化

　表13-2によれば，720×480画素のカラー画像では，データ量が約0.99 MBになる。しかし，コンピュータに保存されたファイル容量は，これよりも大幅に少ない[*23]。これは，画像が圧縮符号化されているためである。画像の圧縮符号化の目的は，少ないデータ量で元の画像をできる限り忠実に再現することである。

　画像の圧縮符号化では，画像の特徴を利用することにより，以下の2つの戦略がとられる。

[*21] 画像が圧縮されていない場合を考えている。
[*22] $256 = 2^8$，つまり，8ビット。ちなみに，1B（バイト）＝8ビット。また，慣例として1KB＝1024B，1MB＝1024KBとする。
[*23] ファイル容量は画像によって異なる。

- 情報の一部を切り捨てる
- 出現確率の偏りを作る

　画像のデータを一部切り捨てれば，その画質は劣化する．しかし，人間の視覚特性をいかして，感度の低い領域のデータを削減すれば，画質が保たれているように見える．一方，出現確率の偏りを作るのは，データの出現確率に基づいて高頻度のデータに短い符号を割り当て，少ない符号量で効率的に符号化するためである．

（2）JPEG の圧縮符号化処理

　図 13-5 に，画像圧縮符号化の代表的手法である JPEG の処理を示す．JPEG の圧縮符号化における大まかな処理の流れは，1）前処理，2）画素間相関の算定，3）量子化[*24]，4）エントロピー符号化である[2]．前処理では，カラーモード変換，ブロック化が行われる．ブロック化は，次の手順である DCT（離散コサイン変換）演算の高速化を図る．画素間相関の算定には，この DCT 演算が使われる．DCT 演算は，画像の明るさの空間的変化を周波数成分に分解する処理に当たる．量子化では，DCT 演算の結果を周波数毎に異なる量子化幅で量子化する．エントロピー符号化では，DC[*25] 成分と AC[*26] 成分とに分けて，ハフマン符号化[*27] が施される．DC 成分は DCT 演算によって求められた周波数成分の中で最も低い直流成分を表し，画像の平均的な明るさを決めている．DC 成分以外は AC 成分であり，明るさの変化を決めている．多重化では，ビット列（符号列）を出力するための処理が行われる．

[*24] 量子化については第 1 章および第 12 章で扱った．
[*25] Direct Current（直流）．
[*26] Alternating Current（交流）．
[*27] ハフマン符号化については第 9 章を参照のこと．

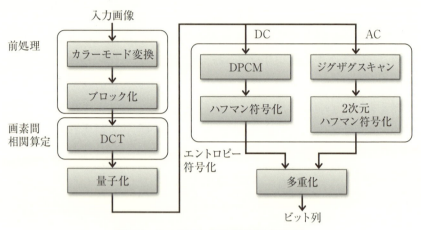

図 13-5　JPEG の圧縮符号化処理

　圧縮符号化したデータは伝送後，あるいは記録媒体への保存後，復号して解凍できなければいけない．復号処理は，基本的に符号化処理の逆の手順を踏む．JPEG 圧縮符号化処理の中で，カラーモード変換の際に色差情報を削減したり，量子化の際に高周波成分[*28] の情報を削減したりして，情報の一部を切り捨てれば，復号しても元のデータを完全に復元することはできない．つまり，非可逆である．一方，エントロピー符号化における DPCM[*29] は数値の出現頻度の偏りを作り，ハフマン符号化は出現頻度の偏りを利用した符号化を行っており，データが失われるわけではないので，復号すれば，元のデータを完全に復元できる．つまり，可逆である．

(3) カラーモード変換と色差情報の削減

　JPEG では，カラーモードとして輝度色差表現（YC_bC_r）がしばしば使われる．入力画像のカラーモードが RGB 表現であれば，式(13.1)，式

[*28]　**3.(1)** を参照のこと．
[*29]　DPCM については第 12 章を参照のこと．

(13.2)，式(13.3)のような変換式を使って輝度色差表現に変換する。**1. (2)** で述べたように，人間の視覚は，輝度に比べて色差の解像度低下を知覚しにくい。そのため，色差成分（C_b と C_r）の画素数を削減する。例えば，C_b と C_r の双方について，画素数を水平方向および垂直方向にそれぞれ半分に削減すれば，画像全体のデータ量を半分にできる（図13-6）。

図13-6　色差成分の削減

(4) DCT

　一般的な自然画像では，隣り合う画素の画素値が似通っており，急激には変化しない。これは，近傍画素の間で相関が高いことを意味し，画素値が緩やかに変化するため，画像に含まれる低周波成分[*30] が多いことを示している。実際，図13-1の左側の画像に対して，隣り合う画素の画素値[*31] f_1 と f_2 の対応点をすべてプロットすれば，図13-7(a)のように直線 $f_2 = f_1$ を中心に分布する。また，図13-1の左側の画像に周波数変換を施せば，図13-7(b)のように低周波成分が多く（左上端の白色部分），高周波成分は少ない（右上から左下への対角線辺りから右下の黒色部分）ことがわかる。

[*30]　**3. (1)** を参照のこと。
[*31]　簡単のため，ここでは輝度値のみを扱った。

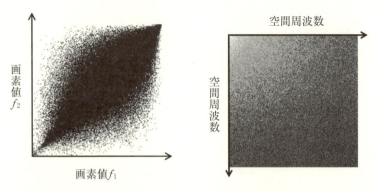

(a) 画素値の相関具合　　　　　　(b) DCT 画像＊32
（プロットは黒色で表示される）　　（周波数成分が含まれるとき，白色で表示される）

図 13-7　隣り合う画素値の対応と DCT

　DCT は，信号を周波数成分に分解するための演算方式の1つで，その周波数成分がどの程度含まれるかを示す係数を導出する。DCT 演算は，処理の高速化のため，ブロック単位で行われる。ブロックの大きさとして，8×8 画素が一般的に用いられる＊33。図 13-8 に，図 13-1 の一部をブロックとして切り出し，DCT 演算を施した結果を示す。変換前の画像（図 13-8(a)）では各画素の画素値がばらついているのに対して，変換後の DCT 係数（図 13-8(b)）は低周波側（左上）に偏っている。したがって，画像の画素値をそのまま符号化する場合に比べると，DCT 係数の値を符号化した方が効率的である。

＊32　見やすくなるように調整している。
＊33　ブロックに含まれる画素が多ければ，画質劣化は少ないが，演算量が増大する。詳細は，参考文献［2］等を参照のこと。

95	77	87	130	155	188	182	177
118	61	68	91	192	184	206	194
112	78	67	84	184	192	211	200
92	77	61	85	164	189	202	185
146	85	59	61	86	176	218	200
92	74	58	55	69	145	203	200
101	77	56	55	63	153	194	200
119	103	58	63	77	97	201	196

(a) ブロックの画素値(輝度成分)

DC成分　AC成分

1016	−354	161	111	−6	23	−12	18
86	−23	−118	50	36	−25	14	20
−14	26	−12	−35	14	5	−11	−2
−24	4	15	−17	−22	25	23	−31
7	27	−2	−7	−2	9	−10	−12
−8	−10	−36	−8	−12	−11	9	−19
−4	5	−2	−19	−3	−2	−11	−1
15	9	26	10	−6	10	12	−11

(b) DCT の結果

図 13－8　DCT 演算例

(5) 量子化

DCT 係数を，周波数成分に応じた量子化幅で量子化する。視覚特性は画像の高周波成分の変化に鈍感であるため，高周波側の量子化の段階を少なくする。この量子化処理は，高周波領域のデータを部分的に削除

16	11	10	16	24	40	51	61
12	12	14	19	26	58	60	55
14	13	16	24	40	57	69	56
14	17	22	29	51	87	80	62
18	22	37	56	68	109	103	77
24	35	55	64	81	104	113	92
49	64	78	87	103	121	120	101
72	92	95	98	112	100	103	99

(a) 量子化テーブル(輝度成分)

64	−32	16	7	0	1	0	0
7	−2	−8	3	1	0	0	0
−1	2	−1	−1	0	0	0	0
−2	0	1	−1	0	0	0	−1
0	1	0	0	0	0	0	0
0	0	−1	0	0	0	0	0
0	0	0	0	0	0	0	0
0	0	0	0	0	0	0	0

(b) 量子化テーブルによる除算結果

図 13－9　量子化テーブルと DCT 係数の除算結果

する．情報は失われるが，圧縮率は高まる．

　図13-9(a)に，量子化を行うための量子化テーブル[34]を，図13-9(b)に量子化テーブルでDCT係数を割った結果を示す．量子化テーブルの数値は高周波側で大きくなっており，DCT係数の高周波成分は粗く量子化される．一般的な自然画像では，低周波成分のDCT係数が大きく，高周波成分のDCT係数が小さくなる．そのため，DCT係数を量子化テーブルで除算するとき，小数点以下を四捨五入すれば，高周波側のDCT係数はゼロになることもある．

(6) エントロピー符号化

　エントロピー符号化では基本的にはハフマン符号化が用いられる[35]が，DCT係数を量子化した結果に対して直接的に符号化処理が行われるわけではない．ハフマン符号化が行われるのはDCT係数を表現するために必要なビット数に対してであり，その符号語に続いてDCT係数を必要最小限のビット数で記録する．また，この処理はDC成分とAC成分とで別々に行われる．

　DC成分は周りのブロックでも似通った数値になるので，隣り合うブロックとの間で差分を取るDPCMを行った後，ハフマン符号化が行われる[36]．一方，AC成分は周りのブロックとは似通った数値を取らないのでDPCMは行わず，DCT係数の除算結果の性質を活かした処理を行う．図13-10(a)に示すようなジグザグスキャンを行い，DCT係数を一列に並べ，DCT係数の中で連続するゼロに対してRLE[37]を実施することにより圧縮率を高める．ジグザグスキャンの結果，$-32, 7, -1,$

---

[34] 輝度成分と色差成分とでは，異なる量子化テーブルが用いられることがある．
[35] 算術符号化が用いられることもある．詳細は，参考文献 [2] [3] 等を参照のこと．
[36] 例えば，差分が-1か1のどちらかだった場合，これをカテゴリ1（ビット数に対応）として符号化する．その後，-1か1のどちらかを示すビット表現を付加する．
[37] **3.(3)** を参照のこと．

−2, 16, 7, ..., 0 が得られ，ゼロでない数値とゼロの並びが交互に表れるので，ゼロが並ぶ数とゼロでない数値の組で表せば，図13 − 10(b) のようになる。EOB は End Of Block を意味し，以降すべてゼロであることを示す[*38]。

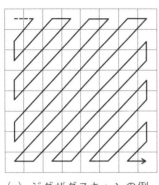

-32, 7, -1, -2, 16, 7, -8, 2, -2,
0, 0, -1, 3, 0, 1, 1, -1, 1, 1, 0,
0, 0, 0, -1, 0, 0, 0, 0, 0, 0, 0,
0, -1, 0, 0, 0, ..., 0, 0, 0, -1,
0, 0, ..., 0

(0, -32), (0, 7), (0, -1), (0, -2), (0, 16), (0, 7),
(0, -8), (0, 2), (0, -2), (2, -1), (0, 3), (1, 1),
(0, 1), (0, -1), (0, 1), (0, 1), (4, -1), (8, -1),
(19, -1), EOB

(a) ジグザグスキャンの例　　　　(b) RLE の結果

図 13 − 10　ジグザグスキャンと RLE

3. 画像の圧縮符号化技術

圧縮符号化で使われる要素技術について説明する。まず，DCT を説明するために，空間周波数の概念について述べる。

(1) 空間周波数

周波数は，時間的に変化する正弦波に対して単位時間当たりの波の数として表される。画像においても，画素の濃淡が波として表されると考える。例えば，図 13 − 11(a) に示すような濃淡模様に対して，水平方向

---

*38　ハフマン符号化は，このゼロが並ぶ数とゼロでない数値のビット数を表すカテゴリに対して行われる。例えば，0, 0, 3 の場合，ゼロでない数値 3 は二進数で表すと 11 なので，ビット数は 2 になる。このビット数をカテゴリとして，ゼロが並ぶ数 2 と併せて符号化する。その後，ゼロでない数値 3 のビット表現を付加する。

の画素値をプロットすれば，図 13-11(b) のような波形が得られる。ただし，画像では空間的距離に沿った波形となる。濃淡の変化は空間的なものであるので，単位長さ当たりの波の数を空間周波数と呼ぶ。単位長さを 1 画素に置けば，画素値の変化が 10 画素で 1 つの波をもったとき，空間周波数は $\frac{1}{10}$ ［サイクル/画素］である。

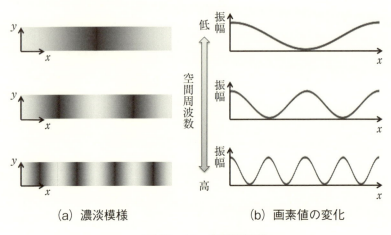

(a) 濃淡模様　　　　　(b) 画素値の変化

図 13-11　空間周波数

(2) DCT（離散コサイン変換）[*39]

DCT は，信号を周波数成分に分解する演算である。これを画像の中の模様に適用すれば，画像を空間周波数成分に分解できる。つまり，画像の中にどの空間周波数成分がどの程度含まれているか知れる。したがって，画像の模様は，この空間周波数成分を持つ基本図形を複数組み合わせて表現できる。この基本図形が図 13-12(a) に示す基底（8×8 種類）であり，これらの基底がどの程度含まれるかを示す量が DCT 係数であ

[*39] DCT の演算式については詳細を示さないが，DCT 係数は基本的に画素値とコサイン関数との積和演算になっている。詳細は参考文献 [4] 等を参照のこと。

る。例えば，画像中で 8×8 画素の 1 ブロックは，DCT 係数 W_{ij} ($i = 0, 1, 2, ..., 7; j = 0, 1, 2, ..., 7$) によって重みづけられた基底の足し合わせで構成される（図 13-12(b)）。

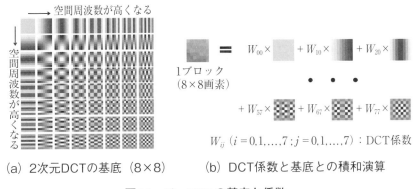

(a) 2次元DCTの基底（8×8）　　(b) DCT係数と基底との積和演算

図 13-12　DCT の基底と係数

(3) RLE（ランレングス符号化）

数値の列があったとき，同じ数値が連続して並んでいれば，同じ数値がいくつあるかで表現できる。数値が連続する回数をランレングスと呼び，数値とその数値の連続回数の組で表す方法[*40]をランレングス符号化（RLE）という。例えば，画像を水平方向にスキャンして，図 13-

画素値列

0	0	0	0	0	0	0	5	19
41	0	0	0	0	0	0	0	0

ランレングスコード　　0：8，5：1，19：1，41：1，0：9
　　　　　　　　　　　‾‾‾
　　　　　　　　　　　0が8個連続する

図 13-13　ランレングス符号化

---

*40　RLE の表現方法には幾つかの種類がある。ここでは，数値とその数値の連続回数の組を示したが，図 13-10(b) では，ゼロが並ぶ数とゼロでない数値の組となっている。

13のような画素値列が得られたとする。これらの数値列をランレングス符号化して表せば，0:8, 5:1, 19:1, 41:1, 0:9 となる。両端に0が連続するので，その連続回数だけ記述すれば，その分データ量が減る。画素値が0と1しかない2値画像であれば，0と1に対して連続する画素数を交互に記述すれば済む。

（4）JPEG 圧縮符号化に伴うノイズ

　JPEG 圧縮符号化において圧縮率を上げると，ブロックノイズが発生する。JPEG は 8×8 画素のブロック単位で DCT 演算を行い，画像に周波数変換を施す。量子化で高周波成分が省略されるため，その分画像はぼやける。そのぼやける程度がブロック間で異なるため，復元した画像の中にブロック形状が見える（図 13-14(a)）。

(a) ブロックノイズ

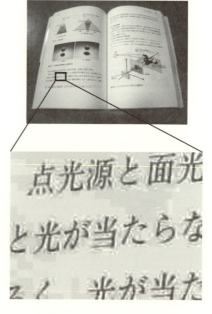
(b) モスキートノイズ

図 13-14　JPEG 圧縮符号化に伴うノイズ

また，画像の中にエッジなどの輝度変化が激しい部分があると，モスキートノイズが発生する。量子化で高周波成分が省略されたことにより，復元した画像の中で高周波成分の欠落したエッジ部分を見ると，蚊が飛んでいるように見える（図 13 - 14(b)）。

演習問題

【問題】

13.1 カラー画像が水平画素数 720，垂直ライン数 480 をもつとき，輝度色差方式の輝度成分と色差成分の比を水平方向，垂直方向共に 2：1（図 13 - 6 の右側と同じ）として符号化する。この画像の中のブロックの数を求めよ。ただし，ブロックサイズは 8×8 とする。

13.2 デジタル画像を 4×4 マクロブロックに分割し，そのマクロブロックの 1 つに DCT を施すと，図 13 - A のような結果を得た。これを図 13 - B のような量子化テーブルを用いて除算する。除算結果を求めよ。ただし，小数点以下は四捨五入する。

540.0	-53.5	12.0	-3.8
-53.0	-18.9	1.3	-2.9
-18.5	0.5	0.5	2.5
1.4	10.6	-6.0	2.4

図 13 - A

16	10	24	51
14	16	40	69
18	37	68	103
49	78	103	120

図 13 - B

13.3 【問題】13.2で求めた除算結果のAC成分をジグザグスキャンして，RLEを行え。ただし，RLE結果の表現は，（数値：数値が並ぶ数）の組とする。

13.4 ファクシミリの通信に使われる圧縮符号化方式を調べよ。

ファックス機の仕様には，データ圧縮方式が記載されているであろう。白黒のファックス機は，紙面を約 0.13 mm あるいは 0.26 mm ごとに水平方向に走査し，1 mm 当たり 8 個の点をデータとして記録する。この1点には白黒のどちらかがあり，1ビットの情報を持つ。今，0.26 mm ごとに走査すれば，A4用紙では縦に $\frac{297}{0.26} = 1142$ 行，1行当たり $210 \times 8 = 1680$ 点のデータを取得する。

伝送速度が 9,600 bps であれば，すべてのデータを送信するのにかかる時間を推定してみよう。

解答

13.1 輝度成分が 720×480 画素，色差成分 (C_b, C_r) が 360×240 画素ある。ブロック数は画像画素数/ブロック画素数になるので，輝度成分が 5400，色差成分が 1350 である。色差成分には C_b と C_r があることに注意してこれを足し合わせれば，ブロック数は $5400 + 1350 \times 2 = 8100$ となる。

13.2 DCT 係数を，対応する量子化テーブルの数値で除算し，図 13-C を得る。

34	-5	1	0
-4	-1	0	0
-1	0	0	0
0	0	0	0

図 13-C　量子化テーブルで除算された DCT 係数

13.3 AC 成分は，$-5, -4, -1, -1, 1, 0, 0, 0, 0, 0, 0, 0, 0, 0$ である。これに RLE を施すと，$(-5:1), (-4:1), (-1:2), (1:1), (0:10)$ となる。

13.4 ファックス機の仕様例を表 13-D に示す。データ圧縮符号化方式として，JBIG（Joint Bi-level Image experts Group），MMR（Modified Modified READ（Relative Element Address Designate）），MR（Modified READ），MH（Modified Huffman）などが利用されている。データを圧縮しなければ，全データを送信す

るのにかかる時間は，$1142 \times 1680 \div 9600 = 199.85$［秒］$\approx$ 3 分 20 秒と見込まれる．G3 規格では，各行に白と黒の点が連なっていると見なし，ランレングス符号化を使い，同じ色が連続する長さをハフマン符号化している．したがって，実際にはここで推定した時間よりも短い時間で送信できるはずである．手元にファックス機があれば，ファックスを送信して，所要時間を調べてみよう．ただし，古いファックス機では通信速度が遅かったり，読み取り速度が遅かったりする．

表 13-D　ファックス機の仕様例

通信可能機種	G3 規格機
データ圧縮方式	JBIG, MMR, MR, MH
伝送速度	33,600, 31,200, 28,800, 26,400, 24,000, 21,600, 19,200, 16,800, 14,400, 12,000, 9,600, 7,200, 4,800, 2,400 bps
走査線密度	主走査：1 mm 当たり 16, 8 dots, 600 dpi 副走査：1 mm 当たり 15.4, 7.7, 3.85 本, 600 dpi

参考文献

[1] 篠森敬三編『視覚Ⅰ―視覚系の構造と初期機能―』(朝倉書店, 2007 年)
[2] 半谷精一郎・杉山賢二『JPEG・MPEG 完全理解』(コロナ社, 2005 年)
[3] 山下幸彦『知っておきたいキーワード：算術符号化』映像情報メディア学会誌, vol.66, pp.65-67 (2012 年)
[4] 高橋信『入門信号処理のための数学』(オーム社, 2007 年)

14 │ 動画の符号化

浅井紀久夫

《目標&ポイント》 コンピュータ上で動画データがどのように符号化されているか学ぶ。動画の圧縮符号化方式としてMPEG-1やMPEG-2,H.264/AVCなどがある。静止画と比べた場合,動画特有の主な圧縮技術としてフレーム間差分,動き補償予測がある。まず,動画の表現方法について知り,動画の圧縮符号化方式と圧縮技術の基本を理解する。その上で,MPEGの符号化処理およびフレーム構成を通して動画の符号化処理の手順について知る。
《キーワード》 動画の表現,インタレース,プログレッシブ,フレーム間差分,動き補償予測,GOP,MPEG

1. 動画の表現方法

(1) 動画の構成

　動画は,静止画を連続的に表示することによって構成される。人間は,静止画を連続して次々見せられると,その中の物体が動いているように見える[*1]。これは,仮現運動という知覚現象によるものである。テレビや映画などの動画は,基本的にこの原理で動いているように見える。一般に,テレビでは1秒間に30枚,映画では1秒間に24枚の静止画が切り替えられ,動画を表現する。この1枚の画像はフレームと呼ばれる。図14-1に,動画の構成を示す。

　動画の画質は,一枚一枚の静止画の画質と単位時間当たりの静止画の枚数で決まる。静止画の画質は,第13章で述べたように画素数と濃淡

---

*1 パラパラ漫画で絵をパラパラめくると,絵の中に描かれたものが動いているように見える。

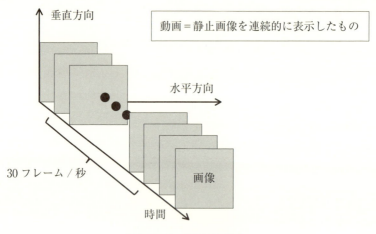

図 14-1　動画の構成

段階数によって決まる。単位時間当たりの静止画の枚数は，フレームレートで表される。画素が多く，濃淡段階が多く，フレームレートが高い動画ほど，画質が良い。画素数と濃淡段階数に関しては第13章を見ていただくとして，ここではフレームレートについて述べる。

　フレームレートは，動きの滑らかさに影響する。フレームレートが大きいほど，動きは滑らかになるが，その分データ量が多くなる。フレームレートは1秒間に描画される画像の枚数（fps）[*2]で表され，1秒に30枚なら30 fps，1秒に24枚なら24 fpsとなる。動画の滑らかな動きに最低限必要なフレームレートは，動画の内容に左右される。速い動きを伴う動画では高いフレームレートでないと，動きが不自然に見える。しかし，遅い動きしかない動画であれば，フレームレートを10 fpsくらいまで落としても気にならないことが多い。

　フレームレート30 fpsのカラー動画1秒間では，画素数720×480，濃淡段階数256の場合，データ量は720×480（画素数）×1（バイト[*3]：濃

[*2]　frame per second。1秒当たりのフレーム数を表す。
[*3]　1バイト=8ビット。

淡段階数)×3(カラー RGB)×30(フレームレート)＝31,104,000 バイトにもなる。実際の動画ファイルは圧縮されており、ファイル容量はこれよりも少ない。

(2) 描画方式

1つのフレームを描画する方式として、インタレースとプログレッシブ*4 がある*5。前者は水平方向の描画を垂直方向に一つおきに行い、2回で1フレームを生成する。例えば、1回目に奇数行（奇数フィールド）を描き、2回目に偶数行（偶数フィールド）を描いて、1枚の画像を描く。動きは滑らかに見えるが、ちらつきが出やすい*6。後者は水平方向の描画を垂直方向に1行ずつ行い、1回で1フレームを生成する。図14-2に、2つの描画方式の概念図を示す。

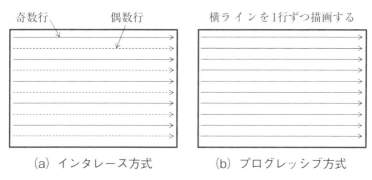

図14-2　描画方式の概念図

---

*4　ノンインタレースと呼ばれることもある。
*5　ブラウン管ディスプレイのように走査線単位で映像を表示する場合、インタレース方式が使われる。一方、液晶ディスプレイのように画素単位で映像を表示する場合、プログレッシブ方式が使われる。
*6　例えば、細い水平線は片方のフィールドにだけ表示されることがあり、各フィールドを交互に表示するとチラチラして見える。

テレビのアナログ放送[*7]で標準テレビ信号形式として用いられていたNTSC[*8]は，インタレース方式になっている[*9]。480本あまり[*10]の水平ライン（走査線）を持つフレームに対して，$\frac{1}{60}$秒で奇数フィールドを描画し，次の$\frac{1}{60}$秒で偶数フィールドを描画する[*11]。

(3) 動画のサービスと圧縮符号化方式

動画を使ったサービスには，テレビ電話のようにリアルタイム性が重視される通信系サービスと，記録メディアのように圧縮率が重視される蓄積系サービスがある。動画圧縮技術は通信系サービスから始まり，そのための標準H.261が1990年ITU-T[*12]によって規格化された。その後，蓄積系サービスとしてMPEG-1が，通信系サービスと蓄積系サービスの両方をサポートするMPEG-2が，無線通信にも対応し，さらに

[*7] 日本における地上アナログ放送は，2012年3月に完全終了した。

[*8] National Television System Committee。アメリカで規格化され，日本などが採用していた。NTSCはテレビ放送規格の策定委員会を表すと共に，規格名自体でもある。標準テレビ信号形式としてのNTSCは，輝度信号および色差信号に対して水平走査線数525本を持ち，フレームレートは29.97 fpsである。

[*9] 地上デジタル放送のハイビジョン映像では，有効画素数1920×1080もしくは1440×1080のインタレース方式が採用されている。有効画素数1440×1080の場合でも，映像のアスペクト比（横と縦の比率）は16：9である。そのため，TV局側で1440×1080に圧縮された映像信号が送られることになり，受信後に16：9に引き延ばされる。このような処理をするのは，伝送データ量を減らしたいからである。なお，液晶テレビのディスプレイはプログレッシブ方式に対応していることが多く，インタレース方式をプログレッシブ方式に変換する機能を備えている。再生機器側に変換機能を備える機器もある。4Kや8Kの放送ではプログレッシブ方式となっている。

[*10] 全走査線数は525本で，有効走査線数が約480本である。差分は，走査が初期位置に戻る時間として帰線期間に割り当てられる。

[*11] 正確には，$\frac{1}{59.94}$秒である。

[*12] International Telecommunication Union-Telecommunication Standardization Sector。

高度化された MPEG-4 が規格化された。その後，圧縮効率の高い符号化方式として，AVC/H.264[*13] が出現した[*14]。表 14 − 1 に，動画圧縮符号化方式の種類や用途などを示す。

H.261 は，ISDN[*15] を通したテレビ会議・テレビ電話を主用途に開発された動画圧縮符号化標準である[2]。当時，テレビ信号形式として日本やアメリカでは NTSC が採用され，ヨーロッパでは PAL[*16] が採用されていた。異なる信号形式の端末間でもテレビ会議ができるように，共通形式 CIF[*17] を規定して接続性を確保した。

MPEG-1 は，CD-ROM に動画を蓄積して流通させることが主用途であった[2]。しかし，MPEG-1 が標準化された 1992 年頃は，CD-ROM に動画を記録するほどには高圧縮率を実現することは難しかった。また，蓄積系サービスでも，再生時（復号）の処理には実時間に近い速度が要求され，当時の CPU[*18] にはそのような高負荷の処理は困難であった。そのため，MPEG-1 では，SIF[*19] と呼ばれる標準映像信号形式の中で画素の省略が行われた。

MPEG-2 は蓄積系サービスと通信系サービスの両方に利用され，標準映像から高品位映像までサポートする統合的な規格である[2]。蓄積系

---

*13 　H.264 は，ITU-T で策定された動画圧縮符号化の規格である。AVC は Advanced Video Coding の略であり，MPEG-4 の規格の一部である。

*14 　HEVC/H.265 はさらに圧縮効率の高い映像符号化方式として規格化され，デジタル放送や蓄積メディアに使われ始めている[1]。HEVC は，High Efficiency Video Coding の頭文字を取ったものである。

*15 　Integrated Services Digital Network（サービス総合デジタル網）。データ通信などに利用されたデジタル回線網であり，公衆電話網を基盤とする。

*16 　Phase Alternation by Line。走査線数 625 本，フレームレート 25 fps。

*17 　Common Intermediate Format。輝度信号（色差信号）に対して水平ライン数 288（144）本，水平ライン当たり 352（176）画素，フレームレート 30 fps，プログレッシブ方式。

*18 　Central Processing Unit（コンピュータの中央処理装置）。

*19 　Source Input Format。NTSC 用 SIF は，輝度信号に対して水平ライン数 240，水平ライン画素数 352，色差信号に対してそれぞれ輝度信号の半分の解像度を持ち，フレームレートは 29.97 fps である。

サービスではDVDディスクのような大容量メディアに対応し，例えば，映画などを記録するDVD-Video規格の動画圧縮符号化方式として採用されている[*20]。通信系サービスでは地上デジタル放送やBSデジタル放送といった大容量伝送に対応し，例えば，テレビ映像などを伝送するISDB-T[*21]規格の動画圧縮符号化方式として採用されている。MPEG-2はさまざまな用途に対応するように，広範囲の規格になっている。そのため，MPEG-2に採用されている機能を全て実装するのは，現実的ではない。そこで，MPEG-2はプロファイル[*22]とレベル[*23]という概念を導入し，システムの性能を分類している。

　MPEG-4はMPEG-2を引き継ぎ，蓄積系サービスと通信系サービスに対応した規格である[2]。もともと，インターネットや無線通信など低ビットレートで動画配信を行うための圧縮符号化方式として規格化が検討された。例えば，インターネット上での動画配信用ファイル形式MP4の動画圧縮符号化方式や第三世代の携帯電話（3G）でのファイル形式3GPPの動画圧縮符号化方式として使われる。MPEG-4の規格は多岐にわたり，MPEG-4の規格すべてに対応したシステムは実際には存在せず，MPEG-2と同様にプロファイルを導入して利用頻度の高い規格に限定している。

　H.264/AVCは，MPEG-4において拡がり過ぎた規格の範囲を，日常視聴するような動画に絞り込み，圧縮効率を向上させようと策定された[3]。携帯端末で利用される低ビットレートの狭画面動画から，BSデジタル放送で利用される高ビットレートの高精細動画まで，広く対応す

---

*20 Blu-rayディスクに記録する場合，BD-Video規格の動画圧縮符号化方式としても採用されている。

*21 Integrated Services Digital Broadcasting-Terrestrial（統合デジタル放送サービス-地上）。日本の地上デジタル放送で使用されている放送規格である。

*22 符号化の仕組みや品質を定義したもので，システムの互換性を保つ役割を果たす。

*23 プロファイルごとに，所定の画像サイズに対するフレームレートやビットレートなどのパラメータを定める。

る。例えば，ワンセグ*24 の放送規格 ISDB-T1seg における動画圧縮符号化方式や映画などを記録する BD-Video 規格の動画圧縮符号化方式として採用されている。

表 14 − 1　動画の圧縮符号化方式

符号化	伝送速度[bps]	用途	映像形式など
H.261	40 k 〜 2 M	テレビ会議	CIF
MPEG-1	1 M 〜 1.5 M	ビデオ CD	SIF
MPEG-2	5 M 〜 100 M	DVD ビデオ，デジタル放送	DVD-Video，ISDB-T
MPEG-4	20 k 〜 20 M	インターネット，無線通信	MP4，3GPP
H.264/AVC	10 k 〜 240 M	Blu-ray ビデオ，デジタル放送	BD-Video，ISDB-T1seg

2．動画圧縮技術

　動画は静止画を連続表示したものであるから，画像の符号化技術は動画にも利用される。静止画は 2 次元的な画面の情報しかもたないのに対して，動画は時間軸の情報をもつ。動画では，画面内に含まれる冗長性と時間軸の冗長性を削減することによりデータ圧縮が行われる。ここでは，時間軸の冗長性を削減する方法について説明する。

(1) フレーム間差分

　1.（1）に示したように動画のデータ量は膨大であり，すべてのフレームに対してすべての画素をそのまま処理していたのでは負荷が高く，時

---

*24　携帯機器を受信端末とする地上デジタル放送。

間もかかる．そこで，動画において画面内の動きが少ない場合，フレーム間で変化のあった差分（フレーム間差分）だけを処理する．つまり，フレーム間で変化があった画素だけを置き換え，残りの画素は前の画像のものを使う．こうすることで，処理データを削減できる．

例えば，図14-3(a)および(b)のように，動画の連続したフレームにおいて画面内の違いが大きくなければ，画面の描き換えは少なくてすむ．1つ前のフレームと比較して差分領域だけを更新データとして扱えば，静止領域のデータ量をゼロにできる（図14-3(c)の黒色領域）．

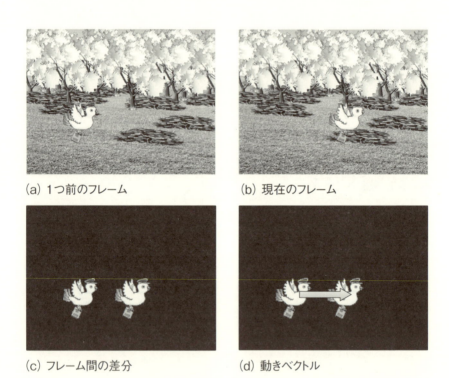

(a) 1つ前のフレーム　　(b) 現在のフレーム

(c) フレーム間の差分　　(d) 動きベクトル

図14-3　動画の連続したフレームとその差分と移動の距離と方向

（2） 動き補償予測

　フレーム間差分では，時間軸上で直前のフレームと比較して静止領域の差分を取ることによりデータを削減した．しかし，この方法では，動きの激しい（動く領域が大きい）動画には対応できない．フレーム間で差分領域が大きくなってしまい，データ量は削減されない．

　そこで，動きのある領域に対してデータ圧縮する方法が必要とされる．これが，動き補償予測である．もう一度，図14-3(a)と(b)の動き領域を見ていただきたい．動きのある領域（図14-3(a)と(b)の中の鳥）は，両フレームの間で同じである．そのため，両フレーム間の差分は動きのある領域を描き換える代わりに，動きのある領域の移動距離と移動方向で表す．距離と方向を持つ量はベクトルで表される*25（図14-3(d)）．このベクトルは，動きベクトルと呼ばれる．

（3） 動き補償予測によるフレーム間符号化

　動画の圧縮符号化では，動画の連続するフレームの間でどれだけ差があるかを求め，時間軸の冗長性を削減する．このとき，フレーム間で類似領域がどのように動いたかを求め，動きの局所性に対応している．そして，その動きに基づいた予測画像を求め，元のフレームとの差分を予測誤差として符号化する．

　実際の動画では静止しているように見えても，差分がゼロになるとは限らない．ゆっくりでもカメラの移動があれば，画像の内容は変化しなくても，フレーム内の各画素の画素値は大きく変化する．また，変化していないように見える画像の内容も，僅かに変化しているかもしれない．ただ，動画はそもそも静止画を連続的に表示して滑らかな動きを表現するものであるから，各フレームの間の差分は小さいと考えてよい．差分が小さいものが多ければ，エントロピー符号化を用いて差分の小さいも

---

*25　ベクトルについては第3章を参照のこと．

のに短い符号を，差分の大きいものに長い符号を割り当てることにより，データ圧縮を図ることができる。

図14-4に，実際の動画の連続したフレーム6枚を示す。差分画像は，フレーム(a)と(b)およびフレーム(e)と(f)において画素単位の差分を求めて得られた[*26]。図14-4の各フレームを見れば，画像中の動きは少ないように見えるが，その差分を取れば，全く同じではないことがわかる。その動きは画像内で局所的に異なり，フレームの間でも変化している。

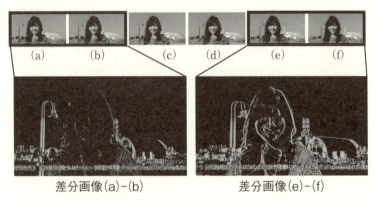

図14-4　動画"女性と港（回転ドリー）"[4]の6フレームとその差分

　動き補償予測によるフレーム間符号化を行うには，現在のフレームの中で，どの領域が他のフレームのどの領域に似ているか知る必要がある。さらに，対象になった領域がどのように移動するかも重要な情報である。
　似ている領域の移動には，2.(2)で述べたように動きベクトルが用いられる。この動きベクトルを求める処理が，動き推定に相当する。推定した動きに基づいて予測画像を算出する処理が，動き補償に相当する。動き補償予測によるフレーム間符号化では，現フレームの画像と予測画

[*26] 差分の絶対値を取り，定数倍して見やすくした。差分がわかりやすいように，フレームを選択している。

像との差分から予測誤差[*27]を計算し，これを，動きベクトルを伴って符号化してビット列（符号列）を生成する．

(4) 動き推定と動き補償

　動画の符号化方式では，動き推定の方法としてブロックマッチング法が広く用いられている．これは，1つのフレームを，16×16画素[*28]を単位としたマクロブロックに分割し，現フレームの各マクロブロックに最も類似している領域を過去のフレーム[*29]から探索する．符号化しようとする現フレームを対象フレーム，マクロブロックを探索するフレームを参照フレームと呼ぶ．

　今，図14-5に示す(a)参照フレームと(b)対象フレームがあるとする．対象フレームをブロックに分割して，太枠で記したブロックに最も類似した同一サイズの領域を参照フレーム内で探索する（図14-6(a)）．探索の結果，対象フレーム内で探索結果の領域から探索ブロックに向かうベクトルが動きベクトルである（図14-6(b)）．動き推定では，この操作を対象フレーム内の全ブロックに対して行う．

　図14-7に示すように，参照フレームの中で探索によって求めた探索結果（対象フレーム内のブロックと類似した領域）に対して，動きベクトルの分だけ位置を移動する．動き補償はこの操作を全探索結果に対して行い，予測画像を得る[*30]．予測がうまくいっていれば，対象フレー

[*27] 一般に，単純差分を符号化するよりも，予測誤差を符号化した方が効率的である．詳しくは第12章を参照のこと．
[*28] MPEG-1の場合，マクロブロックの画素単位として16×16画素が用いられる．MPEG-2やMPEG-4では異なる画素単位が用いられることがある．また，H.264/AVCやHEVC/H.265ではマクロブロックをサブブロックに分割して，動き補償を行うこともできる．詳しくは参考文献[1][3]等を参照のこと．
[*29] 未来のフレームが用いられることもある．詳細は，後節を参照のこと．
[*30] 動きベクトルは，対象フレーム内の領域がどのように動いたら，参照フレームに類似するかを算出して求められたが，予測画像は，参照フレームを動きベクトル分だけ動かして，対象フレームを近似するような画像として導出される．

ム画像と予測画像との間の誤差は限りなくゼロに近づく．このとき，動き補償予測による効果は大きく，大幅にデータ圧縮できる．

(a) 参照フレーム

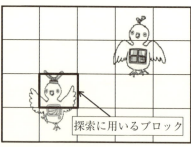

(b) 対象フレーム

図 14-5　連続するフレーム

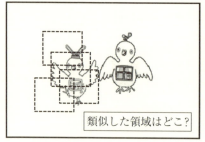

(a) 参照フレーム内での探索

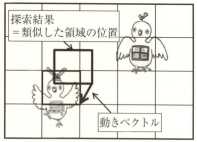

(b) 対象フレーム内での探索結果

図 14-6　ブロックの探索と動きベクトル

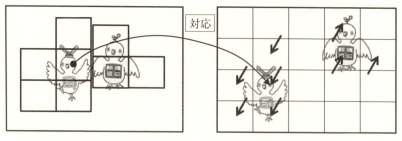

(a) 参照フレーム　　　　　　　　(b) 予測画像

図 14-7　予測画像の生成

3. MPEG 符号化

(1) MPEG の符号化処理

　MEPG で使われている動画の圧縮符号化処理について説明する。ここでは，MPEG の基本である MPEG-1 について主に述べる。図14-8に，MPEG-1 の符号化処理の概要を示す[*31]。MPEG-1 は，輝度色差表現[*32] の映像信号に対して，16×16 画素単位のマクロブロックで動き補償予測[*33]を行い，予測誤差に対して DCT[*34] を伴うエントロピー符号化を行う。

　DCT によって周波数分解を施し，量子化によって人間の視覚特性に基づくデータ削除を行い，エントロピー符号化によって出現頻度の高いデータに短い符号を割り当てて効率的に符号化する。この流れは，第13章で説明した JPEG の圧縮符号化処理と同様である。違いは，前節で説明したように，動き推定によって動きベクトルを算出し，これを基にした動き補償によって予測誤差を導出するところである。また，MPEG-1 の符号化処理には，動き補償予測を精度よく行うための処理が組み込まれている。それが，図14-8の点線で囲まれた部分[*35] に当たる。

　前節で説明した動き補償予測では，復号処理のことをあまり考慮していなかった。符号化するとき，手元には符号化する元映像があるので，参照フレームとして元映像のフレームが使える。しかし，復号するときは，手元には符号化する前の元映像はなく，復号して得られた映像しかない。そのため，復号処理には，参照フレームとして，復号されたフレームを使わざるを得ない。符号化および復号の処理過程で，復号された映

[*31] 出力ビット列には動きベクトルが加えられるが，図14-8では省略されている。
[*32] 色差成分の画素数は，輝度成分に対して水平方向および垂直方向ともに半減される。輝度色差表現については第13章を参照のこと。
[*33] 動きベクトルの探索を，1画素単位ではなく，半画素単位で行い，精度の向上を図っている。また，動き推定は輝度成分と色差成分とで共通であるため，輝度成分に対してのみ行えば済む。
[*34] DCT については第13章を参照のこと。
[*35] この部分は，ローカルデコーダと呼ばれる。

像に誤差が蓄積する可能性がある。そこで，符号化側でいったん符号化したフレームを復号し，得られたフレームを参照フレームとして用いる。フレームメモリは，この復号されたフレームを記憶するために設けられ

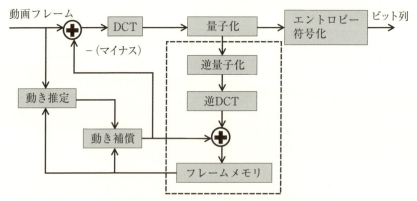

図 14 - 8　MPEG-1 の符号化処理

表 14 - 2　MPEG-1 符号化処理における各部の機能概要

処理	機能
DCT	画像に対して 8×8 画素単位での空間的な周波数分解を行い，DCT 係数を算出する。
量子化	DCT 係数を量子化する。量子化テーブルで DCT 係数を除算することで，高周波成分の量子化幅を大きくしてデータ量を削減する。
エントロピー符号化	出現頻度の高いデータに短い符号を割り当て，効率的な符号化を行う。
動き推定	動きベクトルを算出する。
動き補償	動きベクトルに基づいて予測画像を算出する。
逆量子化	DCT 係数を復元する。
逆 DCT	画像を復元する。
フレームメモリ	復元された画像を記憶する。

た。表 14-2 に，MPEG-1 の符号化処理における各部の主な機能を示す。

（2） 3種のピクチャ

フレーム間符号化されたデータを復号するためには，その参照フレームが復号されている必要がある。そのため，復号時に誤りが発生すると，復号しようとしていたフレームを含めて，以降のフレームはすべて復号できない。これを回避するため，適当な間隔でフレーム内符号化[36]されたフレームを挿入し，誤りが継続するのを抑制する。このフレーム内符号化されたフレームを，I ピクチャ[37] と呼ぶ。

MPEG-1 は蓄積系サービスとして規格化されたが，動画プレーヤには早送りや逆再生といった機能が必要である。ところが，この機能は動画を一定区間スキップし，多くのフレームを飛ばす。そのため，フレーム間符号化されたフレームの復号に必要な情報が欠けてしまう。I ピクチャの挿入は，早送りや逆再生にも都合が良い。

フレーム間符号化では，動き補償予測がうまく機能しないと，精度よく符号化できない。例えば，動きによって隠れていた領域が出現したり，画面内に新たな領域が出現したりする場合，過去のフレームを参照しても動き推定は困難である。そこで，未来のフレームを参照する。未来のフレームで，隠れていた領域や出現した領域が同じような位置に留まっていれば，動き推定が可能になる。

図 14-9 に，MPEG のフレーム構造を示す。過去のフレームを参照してフレーム間符号化されるフレームは，P ピクチャ[38] と呼ばれる。参照フレームには，過去の I ピクチャもしくは過去の P ピクチャが用いられる。一方，過去もしくは未来のフレームを参照してフレーム間符号化されるフレームは，B ピクチャ[39] と呼ばれる。参照フレームには，過去

---

[36] 他のフレームを参照せず，自身のフレームで閉じた符号化を行う。つまり，動き補償予測を行わない。
[37] Intra picture。
[38] Predictive picture。
[39] Bidirectional predictive picture。

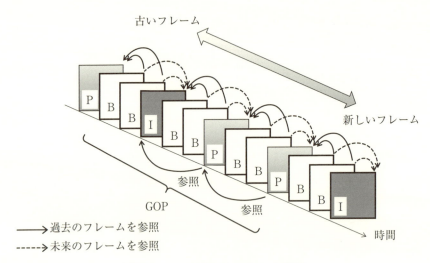

図 14-9　MPEG のフレーム構造

表 14-3　3 種類のピクチャ

種類	符号化
I ピクチャ	フレーム内符号化される。
P ピクチャ	過去のフレームを参照して，フレーム間符号化される。
B ピクチャ	過去もしくは未来，あるいは双方のフレームを参照して，フレーム間符号化される。

もしくは未来の I ピクチャあるいは P ピクチャが用いられる[*40]。MPEG 符号化における動画データは，複数のフレームをまとめた GOP[*41] と呼ばれる単位で構成される。GOP は 1 つの I ピクチャと複数の P ピクチャ

[*40] 過去および未来のフレームを両方とも参照して，その平均を取る場合もある。
[*41] Group Of Picture。後に示すように，復号で B ピクチャは I ピクチャや P ピクチャを参照するので，I ピクチャの前の B ピクチャよりも先にこの I ピクチャがビット列として伝送される。そのため，GOP の区切りでは I ピクチャの前の B ピクチャで区切られている。

およびBピクチャから構成され，早送りやカット編集*42の基本単位となる．3種のピクチャを整理すると，表14-3のようになる．

　MPEG符号化された動画データを再生することを考えよう．Iピクチャはフレーム内符号化されたフレームで，前後のフレームの情報が無くても表示できる．つまり，画像データがそのフレーム内で完結している．Pピクチャは過去のフレームを参照して符号化されたフレームであり，過去のフレームがあれば画像を復号できる．PピクチャはIピクチャを基に復号され，そのPピクチャを基にして次のPピクチャが復号される（図14-10(a)）．そのため，Pピクチャはそれ単独ではフレームを復号できず，過去のフレームの情報が不可欠である．一方，Bピクチャは過去あるいは未来のフレームを参照してフレーム間符号化されたフレームである．復号に他のフレームが必要であるのはPピクチャと同じであるが，問題は未来のフレームを参照して動き補償予測を行った場合である．再生順序と同じ順番でフレームを復号したのでは，未来のフレームは復号されておらず，復号時に参照できない．そこで，Bピクチャ

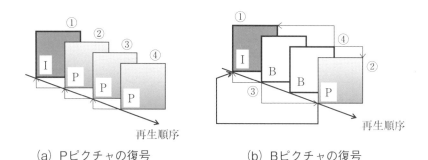

(a) Pピクチャの復号　　　　　(b) Bピクチャの復号

図14-10　ピクチャの復号順序（図中の番号は復号処理順序を表し，フレームを指す矢印は参照を表す）

---

*42　フレーム間符号化された動画の編集には，早送りや逆再生と同じ問題が生じる．例えば，10フレームだけ切り取ろうとしても，これらの前後のフレームに関連づけられているため，10フレームだけを独立して切り出せない．ビデオ編集ソフトではGOP単位でのカット編集が行われるが，PピクチャやBピクチャをIピクチャに変更する操作を行う場合もある．

の先にあるPピクチャをまず復号し，その後Bピクチャを復号する（図14-10(b)）。

（3）動画ファイルの形式

　動画ファイルの形式には多くの種類*43があり，用途によって使い分けられる。本章で説明してきたMPEG-1，MPEG-2，MPEG-4は動画の圧縮符号化方式であり，動画ファイルの形式ではない。動画を再生すれば，映像だけではなく，音も含まれる。したがって，動画ファイルには映像と音のデータが入っており，それぞれの圧縮符号化方式や同期を取るための情報などが格納されている。そのため，動画ファイルの形式は，さまざまなデータを格納できる入れ物という意味で，コンテナ形式と呼ばれることがある。図14-11に，コンテナと映像と音の関係を示す。この場合，コンテナ形式としてAVI*44を，映像の圧縮符号化方式としてMPEG-4を，音の圧縮符号化方式としてMP3を使用している。従って，この動画ファイルを再生するには，AVI形式に対応したプレーヤが必要であり，さらにこのプレーヤはMPEG-4で圧縮された映像を伸張するコーデック*45，MP3で圧縮された音を伸張するコーデックの両方を備えている必要がある。

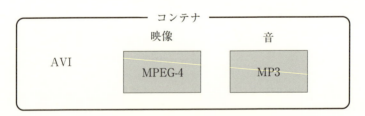

図14-11　コンテナ形式

---

*43　例えば，AVI，MOV，MP4，ASF，FLVなどがある。詳細は，参考文献[3]等を参照のこと。

*44　Audio Video Interleaved。Windows標準の動画用ファイル形式だった。

*45　データを符号化して圧縮したり，復号して伸張したりするシステムやソフトウェアを指す。

演習問題

【問題】

14.1 1秒間に描画できる走査線の数は，画面がどのくらいの速さで表示されるかを表す指標となる．走査線の数が1080本で，フィールド周波数（1秒間に表示されるフィールドの数）が59.94 Hzのインタレース描画方式の映像が表示されるとき，1秒間に描画される走査線の数を求めよ．

14.2 単純なフレーム間差分ではなく，動き補償予測を用いてフレーム間符号化を行う利点は何か，簡潔に述べよ．

14.3 動き補償予測を用いたフレーム間符号化では，実際には計算量の制約から極端に複雑な動き補償予測は利用されない．データ量の観点から動き補償予測の有効性を考えよ（ヒント：フレーム内符号化した場合のデータ量に比べて，どうなっていればよいか）．

14.4 動き補償予測に基づくフレーム間符号化において，図14-10の一連のフレームを符号化する順番を述べよ．

[解答]

14.1 インタレース方式ではフィールドの走査線の数は半分になるので，$\dfrac{59.94 \times 1080}{2} \approx 32.37 \times 10^3$ となる．

14.2 動画の一連のフレームにおいて,フレーム間で動きのある領域に対してデータ圧縮し,動きの激しい(動き領域の多い)動画の効率的符号化を行う.

14.3 動き補償予測によるフレーム間符号化では,予測画像の予測誤差と動きベクトルの情報が必要である.これらの符号量がフレーム内符号化した符号量を上回るならば,フレームを1枚1枚符号化した方がよかろう.したがって,データ量は以下のようになっていればよい.
(参照フレーム画像と予測画像との差分の符号量)+(動きベクトルの符号量)<(フレーム内符号化した符号量)

14.4 符号化は,復号処理と同じ順序で処理される.

参考文献

[1] 村上篤道・浅井光太郎・関口俊一『効率映像符号化技術,HEVC/H.265 とその応用』(オーム社,2013 年)
[2] 大久保榮・川島正久『要点チェック H.323/MPEG-4 教科書』(IE インスティチュート,2001 年)
[3] 瀧本往人『MPEG4 入門』(工学社,2006 年)
[4] 映像情報メディア学会『ハイビジョン・システム評価用標準動画像』(映像情報メディア学会,2009 年)

15 | 暗号

加藤　浩

《目標&ポイント》　さまざまな暗号化の方式を学ぶ。暗号化の基本操作である換字，転字，論理演算などを解説した後，それらを複雑に組み合わせた共通鍵暗号方式について述べる。さらに，一対の鍵を用いて暗号化と復号を行う公開鍵暗号方式について述べる。加えて，暗号と関わりの深いハッシュ関数についても述べる。
《キーワード》　使い捨てパッド，共通鍵暗号，ストリーム暗号，ブロック暗号，AES，暗号化モード，ハッシュ関数，SHA-3，鍵配送，公開鍵暗号，ハイブリッド暗号，RSA

1. 暗号とは

　暗号化とは，特定の記号列を知る者以外は元に戻すことのできないように，任意の記号列を別の記号列に変換する操作のことをいう。ここで，特定の記号列を鍵，変換前の記号列を平文，変換後の記号列を暗号(文)という。そして，暗号文を平文に戻す操作を復号(化)と呼ぶ。

　暗号の歴史は古く，古代ギリシャのスパルタにおいて使われていたという記録がある。その時代の暗号は，記号を1対1対応で別の記号(列)に置き換えたり（換字式暗号），記号の順番を一定規則で並べ替えたり（転字式暗号）するものであった。

　暗号で重要なことは，暗号文から平文が推定できないということである。しかし，絶対に推定できないということは不可能である。なぜなら，

鍵の桁数が有限である以上，時間をいくらかけてもよいならば，総当たりを行えばいつか必ず鍵が解読できるからである。したがって，現実的な時間で推定できないということが実際的な目標となる。

例えば，換字式暗号でアルファベット26文字を別のアルファベットに置き換えることにすると，そのパターンは$26!(=26×25×...×2×1)$通りあり，それはおよそ$4.0×10^{26}$になる。仮に1秒間に10億回$(=10^9)$検証ができたとしても，全て検証する時間は$4.0×10^{17}$秒すなわち127億年かかる。もちろん，偶然最初の試行で鍵が見つかることもあるが，逆に運悪く最後の方まで見つからないこともある。その期待値は63.5億年にもなる。これは現実的には解読不能といってよかろう。この点において，換字式暗号には強い暗号の資格がありそうである。しかし，実は換字式暗号には致命的な欠陥がある。それは平文の記号と暗号の記号が1対1対応しているため，平文の記号の出現分布が暗号の記号の出現分布に一致することである。もともと英文において，eやaの出現頻度は高く，theなどの出現頻度の高い単語もあることが知られている。そこで，暗号文のアルファベットの出現頻度を調べて，多いものにeやaなどを当てはめてみて，意味のある単語が出現するように試行錯誤を繰り返せば，さほど時間がかからずに解読ができてしまうのである。

2．共通鍵暗号

（1）**使い捨てパッド**

1. で紹介した換字式暗号では，アルファベットの対応表が鍵であった。この鍵は，暗号化のときも復号のときも同じものを用いるため，**共通鍵**，または共有鍵と呼ばれ，このような方式の暗号を**共通鍵暗号**という。

共通鍵暗号で最も単純かつ強力な方式に使い捨てパッドがある。これは第3章**4.**で述べた方法であるが，図15-1に示すように，平文と同

じ長さの鍵を用意して，ビットごとに**排他的論理和**（⊕ で表す）をとる。そうすると鍵の1が立っているビットだけ平文のビットが反転する。復号するときには，暗号文に対してまったく同じ操作をすることで，反転したビットが元に戻り，平文を得ることができる。このとき重要なのは，鍵は0と1がランダムに並ぶものでなければならないことと，毎回違う鍵を用いなければならないことである。

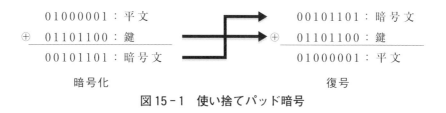

図 15-1　使い捨てパッド暗号

　使い捨てパッド暗号はシャノン（Claude E. Shannon）によって絶対に解読不可能であることが証明された最強の暗号である。**1.**で鍵を用いる暗号は原理的には総当たりで必ず解読できると述べたが，これは例外である。なぜなら，総当たりを試している過程で，解読結果として，同じ長さをもつあらゆる記号列が出現し，その中には意味をもつ文も多数あり得るため，どれが正しい平文なのかが判別できないからである。

　使い捨てパッドは強力ではあるが実用性は低い。なぜなら，平文と同じ長さの鍵を毎回必要とするため，暗号を送るたびに鍵も送らなければならないからである。しかし，そもそも鍵を安全に送ることができるならば，平文を安全に送ることができるはずである。

　長い鍵を毎回送る代わりに，比較的短い鍵を何らかの安全な方法で送り，その鍵を疑似乱数発生器の種にして乱数を発生させることにより，使い捨てパッドと同様な方法で暗号化をする**ストリーム暗号**という方式

もある。これは疑似乱数発生器のアルゴリズムが知られてしまった場合，原理的には鍵を総当たりで試されることによって解読されてしまうので，使い捨てパッドの絶対解読不可能という特長は失われる。

換字式暗号の弱点からわかるように，暗号文には**統計的な偏りがない**ことが求められる。記号単位での換字や転字はその弱点を解消できないが，記号同士の排他的論理和という方式は統計的な偏りをなくすことに役立つ。

（2）AES[1]

共通鍵暗号として最も広く使われている AES（Advanced Encryption Standard）について説明する。これは 128 bit の情報を暗号化する方式であり，このような一定長のデータ（ブロック）を暗号化する方式を**ブロック暗号**と呼ぶ。

AES は米国標準技術局（NIST）が公募を行い，専門家による厳しい公開審査を経て 2000 年に選定された**国際標準暗号方式**である。公募の条件により，私たちは AES を無料で自由に使用することができる。

AES ではバイト単位で暗号化の操作が行われる。16 byte（128 bit）の情報を 4×4 の行列（ステート行列）に並べ，平文を初期値として次に述べる操作を施し，最終的に得られたステート行列が暗号文になる。

暗号化はラウンドという一連の暗号化の操作の繰り返しで構成されている。各ラウンドでは次に述べる SubBytes, ShiftRows, MixColumns, AddRoundkey という 4 種類の操作をこの順に行う。ラウンドの回数は共通鍵長によって異なり，鍵長 128, 192, 256 bit について，それぞれ 10, 12, 14 回である。ただし，第 1 ラウンドは AddRoundKey のみ行い，最終ラウンドでは MixColumns は行わない。

SubBytes
　換字式暗号化と同様の方法で，一定の対応表に従って，1 byte 単位で置き換える。

ShiftRows
　転字式暗号化の1つである。図 15-2 に示すように，ステート行列を行ごとに左にシフトする。左にはみ出したセルはまた右側に循環させる。シフトするセル数は行ごとに異なり，図に示す通りである。

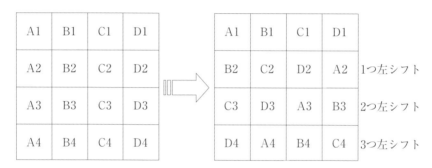

図 15-2　AES の ShiftRows の操作

MixColumns
　4×4 の定数行列にステート行列を掛ける。ただし，演算結果が 1 byte で閉じるように位数 8 の有限体（ガロア体）上で演算を行うため，普通の行列計算とは若干やりかたが異なる。それについては専門的になるので説明は省略する。

AddRoundKey
　使い捨てパッド暗号と同様の操作である。ステート行列とラウンド鍵

（後述）という 16 byte の鍵と 1 byte ごとに排他的論理和をとる．

S_{11}	S_{12}	S_{13}	S_{14}
S_{21}	S_{22}	S_{23}	S_{24}
S_{31}	S_{32}	S_{33}	S_{44}
S_{41}	S_{42}	S_{43}	S_{44}

$S_{11}\oplus K_{11}$	$S_{12}\oplus K_{12}$	$S_{13}\oplus K_{13}$	$S_{14}\oplus K_{14}$
$S_{21}\oplus K_{21}$	$S_{22}\oplus K_{22}$	$S_{23}\oplus K_{23}$	$S_{24}\oplus K_{24}$
$S_{31}\oplus K_{31}$	$S_{32}\oplus K_{32}$	$S_{33}\oplus K_{33}$	$S_{34}\oplus K_{44}$
$S_{41}\oplus K_{41}$	$S_{42}\oplus K_{42}$	$S_{43}\oplus K_{43}$	$S_{44}\oplus K_{44}$

K_{11}	K_{12}	K_{13}	K_{14}
K_{21}	K_{22}	K_{23}	K_{24}
K_{31}	K_{32}	K_{33}	K_{44}
K_{41}	K_{42}	K_{43}	K_{41}

図 15-3 AES の AddRoundKey の操作（S がステート行列，K がラウンド鍵）

　AddRoundKey ではラウンドごとに 16 byte の異なるラウンド鍵を必要とする．したがって，共通鍵 1 つでは足りないので，共通鍵を種にして，必要な数のラウンド鍵を生成する．この操作を**鍵拡大**または**鍵スケジュール**という．鍵拡大は鍵の一部（4 byte）に換字，転字，定数との排他的論理和，一つ前の鍵（初回は共通鍵）の一部との排他的論理和などの演算を施して新しい鍵の一部を生成するということを繰り返して必要な数の鍵を生成する．

（3）暗号化モード

　AES は 128 bit を暗号化する方式なので，長い平文は 128 bit の複数

のブロックに分割することになる。その際，それぞれのブロックを独立に暗号化して良いだろうか。そうすれば，同じ平文は常に同じ暗号文になる。もちろん，暗号文から平文は解読できないのであるが，何度も同じ平文が送られるようなことがあると情報の漏洩が起こり得る。

例えば，個人情報データベースの血液型の項目を暗号化するとする。平文から暗号文が一意に定まると，多数の暗号文の出現頻度分布から平文の出現頻度分布がわかる。日本人の血液型の分布はよく知られているので，それに当てはめれば，どの暗号文がどの血液型に対応するかが推測できてしまう。このように平文と暗号文が 1 対 1 対応することは危険なのである。

そこで，同じ平文でも出現するたびに異なる暗号文に変換されるようなブロック暗号の繰り返し方法が提案されている。その方法をモードという。モードは多数あり，上記の独立に暗号化する方法は ECB（Electronic CodeBook）モードという。以下に ECB モードの弱点を改良したモードのうち，主なものを 2 つ紹介する。

CBC（Cipher Block Chaining）モード

平文ブロックを 1 つ前の暗号文ブロックと排他的論理和を取ってから暗号化する方法である。ただし，最初のブロックについては，その前のブロックは存在しないので，1 ブロック分の初期値が必要になる。この方法によれば，同じ平文ブロックを繰り返しても，異なる暗号文ブロックに変換される。しかし，初期値がいつも同じだと，同じ平文は同じ暗号文になるので，毎回替える必要がある。

CTR（CounTeR）モード

値が 1 ずつ増えていくカウンタの値を暗号化して 1 ブロック分の暗号

文を作り出し，それと平文ブロックとの排他的論理和をとる方法である。カウンタの値が毎回変わるので，同じ平文ブロックを繰り返しても，異なる暗号文に変換される。これも CBC と同じく，カウンタの初期値が同じであると，同じ平文は同じ暗号文になるので，カウンタの初期値を毎回替える必要がある。

(4) ハッシュ関数

　次に，暗号ではないが，暗号と関連が深いハッシュ関数について解説する。ハッシュ関数とは任意の長さのデータ入力に対し，固定長のデータ（ハッシュ値）を出力する関数である。関数なので，同じ入力からは，常に同じ出力が得られる。一般には入力データ長は固定長のハッシュ値よりも長いので，複数の相異なる入力値が同じハッシュ値を出力することがある。これを**衝突**といい，なるべく少ないことが望まれる。さらに理想的なハッシュ関数には，以下の特性が求められる。

① 入力値からハッシュ値（出力値）を容易に求めることができ，逆に，ハッシュ値から入力値が（内容はもちろん，長さも）推測できないこと。（**一方向性**）

② 入力値とハッシュ値の組を知っていても，それと同じハッシュ値をもつ別の入力値が推測できないこと。（**弱衝突耐性**）

③ ハッシュ値が一致するような入力の組が推測できないこと。（**強衝突耐性**）

④ 入力値の系列に規則性や統計的な偏りがあったとしても，出力値は不規則で偏りのない分布をすること。例えば，入力値の系列が 1 bit しか違わないとか，偶数だけだとか，ある値以上の数だけとかでも，出力の系列には規則性や偏りが見られないこと。

　ハッシュ関数はさまざまな用途で用いられる。例えば，データの一致

を調べるときに,すべてのビットを調べるのは効率が悪いので,ハッシュ値を求めておいて,ハッシュ値で比較するということが行われる.また,パスワードをハッシュ値にして保存しておくと,仮にそれを盗み見られたとしても,ハッシュ値からパスワードを割り出すことは事実上不可能であるので秘密が保たれる.入力されたパスワードが正当かどうかは,入力のハッシュ値を求めて,保存してあるハッシュ値と比べることで判定できる.

　ここでは2012年に制定されたハッシュ関数の規格で,今後,普及が見込めるSHA-3[2]について概説する.これもAESと同様の選定プロセスで決まっており,自由に無償で利用できる.

　SHA-3は出力値のビット数によって224,256,384,512の4種類が規定されている.さらに,2種類の可変長出力の関数も追加された.

　図15−4にSHA-3の仕組みを示す.入力値Mは固定長 r bitのブロックに分割される.最後の余りには,一定の規則にしたがってpadというビット列が付け加えられて r bitにされる.出力値長224,256,384,512 bitに対して,r の値はそれぞれ1152,1088,832,576 bitである.内部データは r(bit)と $c = 1600 - r$(bit)の部分に分割されている.

　処理は破線の左側の吸収フェーズと右側の搾出フェーズに分けられる.吸収フェーズでは1600 bitの内部データに入力値を少しずつ投入してはかき混ぜるということを繰り返し,搾出フェーズではそこから出力値を作り出す.例えるならば,溶媒(内部データ)に溶質(入力データ)を小分けにしたもの(r bit)を投入してはかき混ぜて,溶質がなくなるまでそれを繰り返して溶液を作り,溶液の上澄み(l bit)を取り出してはかき混ぜることを繰り返して必要な量の出力データを得るという操作に似ている.これを**スポンジ構造**と呼ぶ.

　吸収フェーズの手順は,内部データの初期値を0とし,まず入力値の

第1ブロックと内部データの上位r(bit)の部分の排他的論理和をとり、その内部データを関数fによって複雑にかき混ぜて1600 bitの出力データを得る。そして、その出力データと次の入力値のブロックとを入力として同じ処理を行う。これを入力値の全ブロックが終わるまで繰り返す。

次の搾出フェーズでは吸収フェーズの出力から、上位l（エル）(bit)を出力値として取り出す。固定長出力のSHA-3の規格では出力値長lはrよりも短いのでこれで処理を終える。可変長出力で、仮にl(bit)で必要な出力値長に足りない場合は、必要な長さの出力値が得られるまで、内部データに関数fを適用して、その出力から上位l(bit)を取り出すということを繰り返す。関数fはビット単位で入力データを攪拌している。詳細は省略するが、内部データ間での排他的論理和をとったり、ビットをずらしたり、位置を入れ替えたり、内部データ間で論理演算を行ったり、定数との排他的論理和を取ったりといった処理を24回繰り返している。

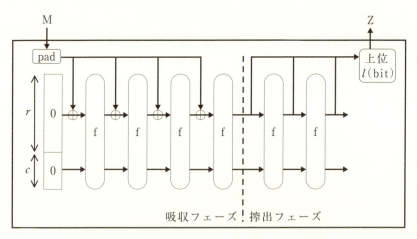

図15-4　SHA-3のしくみ（Figure 2.1[2]を翻訳）

3. 公開鍵暗号

　共通鍵暗号は送信者と受信者が同じ鍵を共有しなければならないため，安全に鍵を配送する必要がある。前もって通信相手が決まっているなら事前に配送しておくこともできるが，そうでない相手と通信しようとすれば，通信のたびに安全に鍵を配送する必要が生じる。しかし，それができるくらいなら暗号は必要ないともいえ，非常に困難な問題である。また，安全のためには通信する相手ごとに異なる鍵が必要となるため，鍵を安全に管理するためのコストもかかる。

　この鍵配送の問題に解を与えたのが公開鍵暗号方式である。これは公開鍵と秘密鍵という一対の鍵を用いる。公開鍵は通信相手に対して公開し，その鍵を用いて平文を暗号化して送ってもらう。その暗号文を復号するには秘密鍵が必要で，公開鍵だけでは復号できないので，公開鍵と暗号文は漏洩しても問題がない。したがって，通信したい相手に，その都度公開鍵を知らせればよいので，安全に鍵を送る必要も，相手ごとに鍵を管理する必要もない。

　ただし，公開鍵暗号方式は共通鍵暗号方式に比べて計算時間が多くかかるので，公開鍵暗号方式で共通鍵を送り，共通鍵暗号で通信するというハイブリッド暗号方式がよく用いられる。

　公開鍵暗号方式は通信路の盗聴に対しては有効であるが，なりすましには無力である。なぜなら，盗聴者が正当な通信相手になりすまして盗聴者の公開鍵を送って来た場合，それに気づかずにその公開鍵を使って暗号化してしまうと，盗聴者はその暗号文を解読可能になるからである。このため，なりすまし防止には，別途対策を講じる必要がある。

（1） RSA 暗号[3]

　RSA 暗号は 1978 年に Ronald L. Rivest, Adi Shamir, Leonard M. Adleman によって開発され，その 3 人の頭文字を取って名付けられた．その原理は次のようなものである．

　まず，p, q を素数とし，$N = pq$ とする．
　ここで演算子「・」を次のように定義する．
$$x \cdot y \stackrel{\text{def}}{=} xy \bmod N$$
また，ここでの階乗は「・」を用いて次のように定義する．
$$M^k \stackrel{\text{def}}{=} \underbrace{M \cdot M \ldots M}_{k \text{ 個}}$$
ここで，L を $p-1$ と $q-1$ の最小公倍数，すなわち
$$L = \text{lcm}(p-1, q-1)$$
とするとき，任意の正整数 M ($M < N$) について，
$$M^{nL+1} = M$$
　　　　　　　ただし n は正整数

となる性質がある．つまり，どんな数であれ，それを k 乗したとき，その k が次の条件を満たすならば元の数に戻るのである．
$$k \bmod L = 1$$
　その性質を利用して，e を L と互いに素（e と L の最大公約数が 1）である任意の正整数としたとき，
$$ed \bmod L = 1$$
となるような d を見つけ出してやれば，任意の正整数 M ($M < N$) について，e 乗をしたものに，さらに d 乗をすると元の数 M を得ることができる．そこで，e と演算「・」に必要な N とを公開鍵として相手に伝え，平文を符号化した正整数 M を e 乗した M^e を暗号文として送ってもらう．それを受け取ったら，それをさらに d 乗すると平文 M が得

られる。

　このとき，盗聴者が解読しようとすればどうするだろうか。盗聴者が知ることができるのは，e と N と M^e である。

　まず，思いつくのは M^e の e 乗根を計算して M を復号する方法である。この計算は階乗が普通の階乗の計算であれば，対数を取って e で割れば $\log M$ が容易に求まってしまう。しかし，ここで用いた階乗は普通の階乗ではなく，「・」として定義した剰余演算である。この計算は**離散対数**と呼ばれ，たいへんに困難であることが知られており，高速にそれを計算する方法はまだない。

　次に，e と N から d を求めることができたら M^e から M が復号できるがそれは可能だろうか。私たちが d を求める際には，L を用いた。L は 2 つの素数 p と q からそれぞれ 1 を引いた数の最小公倍数なので，p と q が分かれば L も求められる。しかも，p と q の積である N も知っている。ならば，N を素因数分解して 2 つの素数 p と q を求めてしまえば，まず L が求まり，次に秘密鍵 d がわかる。よって N を素因数分解して p と q を求めることが課題となる。しかしながら，大きな数の素因数分解を高速に求める方法は現在のところ見つかっていない。N の大きさは，送れる平文の大きさが N より小さいという制約もあるため，実際には p と q に 300 桁くらいの素数を用いており，現実的な時間では素因数分解できない。

　以上のような原理により，RSA 暗号の安全性が担保されている。

演習問題

【問題】

15.1 「放送大学」という文字列は JIS コードに直す（エスケープシーケンスは考えない）と「4A7C417742673358$_{(16)}$」となる。これを使い捨てパッドで暗号化したところ，暗号文が「FFFFFFFFFFFFFFFF$_{(16)}$」となった。このとき使われた使い捨てパッドはどのようなビット列か。

15.2 RSA 暗号において，$p = 5$, $q = 11$, $e = 3$ とおいたとき，最小の d を求めなさい。また，N より小さい任意の数を公開鍵 (e, N) で暗号化したものが秘密鍵 (d, N) で復号できることを確認せよ。

15.3 RSA 暗号において，公開鍵 $(e, N) = (11, 30)$，秘密鍵 $(d, N) = (11, 30)$ とする。このとき，平文 7 を公開鍵で暗号化すると暗号文は何になるか。また，暗号文 13 を秘密鍵で復号すると平文は何になるか。

15.4 前問のように鍵の値が小さいときには RSA 暗号も容易に解読できる。公開鍵 $(e, N) = (3, 55)$ のとき，暗号文 3 を解読せよ。

解答

15.1 排他的論理和をとると $F_{(16)}$ すなわち $1111_{(2)}$ になるのは，元の数のビットを反転させた場合，あるいは足して 15 になる場合である。すなわち，次のような対応表になる。

0	1	2	3	4	5	6	7	8	9	A	B	C	D	E	F
F	E	D	C	B	A	9	8	7	6	5	4	3	2	1	0

これを用いて「4A7C417742673358」を変換すれば「B583BE88BD98CCA7」という使い捨てパッドが解読できる。

15.2 $p=5$, $q=11$ のとき $N=pq=55$, $L=\mathrm{lcm}(p-1, q-1)=\mathrm{lcm}(4,10)=20$ $e=3$ としたとき $ed \bmod 20$ は次のような表になる。

d	0	1	2	3	4	5	6	7	8	...
$ed \bmod 20$	0	3	6	9	12	15	18	1	4	...

よって，最小の d は 7 となる。

例えば，これらを用い 40 から 54 までの数を暗号化し，復号すると次のような表になる。

M	40	41	42	43	44	45	46	47	48	49	50	51	52	53	54
M^e	35	6	3	32	44	45	41	38	42	4	40	46	28	47	54
$(M^e)^d$	40	41	42	43	44	45	46	47	48	49	50	51	52	53	54

これらは EXCEL の関数 ^，LCM，MOD を使うと簡便に計算できる。

15.3 暗号化：$7^{11} \mod 30 = 13$

復号：$13^{11} \mod 30 = 7$

なお，$13^{11} \mod 30$ を計算するのに 13^{11} を計算する必要はなく，下記のように段階的に計算できる。

$13^2 \mod 30 = 169 \mod 30 = 19$

$13^3 \mod 30 = 2197 \mod 30 = 7$

$13^4 \mod 30 = (13^2)^2 \mod 30 = (13^2 \mod 30)^2 \mod 30$
$= 19^2 \mod 30 = 1$

$13^8 \mod 30 = (13^4)^2 \mod 30 = (13^4 \mod 30)^2 \mod 30$
$= 1^2 \mod 30 = 1$

$13^{11} \mod 30 = (13^8 \cdot 13^3) \mod 30$
$= ((13^8 \mod 30)(13^3 \mod 30)) \mod 30$
$= ((1)(7) \mod 30) = 7$

15.4 $N = 55$ を素因数分解すると容易に $p = 5, q = 11$ が得られる。以降は【問題】15.2 のとおりに d を求め，3^d を計算すると平文は 42 と解読できる

参考文献

[1] 結城　浩『暗号技術入門　第3版』(SB クリエイティブ，2015)
数学的な基礎がなくても理解できるように書かれており，初学者には好適な本である。
[2] 今井秀樹監修『今日からモノ知りシリーズ　トコトンやさしい暗号の本』(日刊工業新聞社，2010 年)
暗号に関連するさまざまなトピックが広く網羅されている。図解を多く用いて平易に解説している。

引用文献

[1] Federal_Information_Processing_Standards_Publication", *Announcing the ADVANCED ENCRYPTION STANDARD (AES)* 2001, NIST: U. S. A.
[2] Bertoni, G., et al. *Cryptographic sponge functions*. 2011.
[3] RSA_Laboratories, *Public-Key Cryptography Standards (PKCS) #1 v2.2: RSA Cryptography Standard*. 2012, EMC Corporation: U. S. A.

索引

●配列はアルファベット順，五十音順。＊は人名を示す。

●欧文・記号

AAC　208
AC 成分　233, 238
ADPCM　207, 214
AES　270
ASCII コード　192
ATRAC　208
AVC　252
AVI　264
BMP（Basic Multilingual Plane）　200
B ピクチャ　261
CELP　207
CIF　251
CJK 統合漢字　200
DCT　233, 236, 240, 259
DC 成分　233, 238
DPCM　213
EOB　239
EUC-JP　199
GOP　262
H.261　251
H.264　252
ISDB-T　252
ISDB-T1seg　253
ISO/IEC 10646　202
ISO-2022-JP　199
I ピクチャ　261
JIS X 0201　198
JIS X 0208　197
JIS X 0212　199
JIS X 0221　202
JIS コード　199
JPEG　227
log-PCM　207, 213
LPC　207, 217
MDCT　219
mod　55
MP3　208, 218
MPEG　259
MPEG-1　251, 259
MPEG-2　251
MPEG-4　252
MSB（Most Significant Bit）　35
$_nC_r$　66
$_nP_r$　65
NTSC　250
PAL　251
PCM　207, 210
P ピクチャ　261
RGB 表現　230
RLE　238, 241
RSA 暗号　278
SHA-3　275
Shift_JIS　198
SIF　251
Unicode　200
Π　44
Σ　42
⊕　56

●あ 行

あいまい度　135
圧縮　16
圧縮符号化　206, 232
アナログ　9
アナログ化　12
アナログ情報処理　9
誤り検出　173

索引 | 285

誤り検出符号　19
誤り訂正　173
誤り訂正符号　20
誤りのある通信路　132
暗号　56, 267
暗号化　267
暗号文　56
異体字　203
一意復号可能な符号　153
一意復号不可能な符号　154
一元化　21
一方向性　274
一様分布　77
インタレース　249
動き推定　256
動きベクトル　255
動き補償　256
動き補償予測　255, 259
エスケープシーケンス　199
エルゴード性　142
エントロピー　96, 118
エントロピー符号化　233, 238, 259
音　206, 208
音の高さ　209
音の強さ　209
音響管　216
音源　209, 216
音声　215

●か　行
改行コード　193
階乗　65
解像度　16
鍵　56, 267
鍵拡大　272

鍵スケジュール　272
鍵配送　277
確率　70
確率分布　77
確率分布関数　77
確率変数　76
仮現運動　247
可視光　228
画質　230, 247
仮数　39
画素　15, 226
画像　226
画素間相関　233
画素数　230
画素値　226
加法混色　229
加法性　90
カラー画像　226
カラーモード変換　233
カルバック・ライブラー情報量　106, 119
環境依存文字　204
関係　17
換字式暗号　267
記憶のない情報源　143
記号　10
機種依存文字　204
擬似輪郭　232
基数　25, 39
基数変換　28
基底　240
輝度　230
輝度色差表現　230, 234, 259
強衝突耐性　274
共通鍵　268
共通鍵暗号　268

行ベクトル　50
行列　50
空間周波数　240
空事象　69
組合せ　66
位取り記数法　25
クラフトの不等式　157
検査記号　174
減法混色　229
公開鍵　277
公開鍵暗号　277
コーデック　264
コードポイント　200
国際標準暗号　270
根元事象　69
混色　229
コンテナ形式　264

● さ　行
差異　17
最小可聴限界　221
彩度　229
雑音源　132
サブバンド分割　219, 220
三原色　226
参照フレーム　257
散布度　136
色差　230
色相　229
色料の三原色　229
ジグザグスキャン　238
試行　68
事後確率　121
事象　68
指数　39

事前確率　120
自然対数　46
弱衝突耐性　274
シャノン*　85
重複符号化　202
十六進数　26
樹形図　64
十進数　24
十進法　24
巡回符号　181
瞬時符号　154
順列　64
条件付きエントロピー　103
条件付き確率　75, 113, 133
状態遷移図　146
衝突　274
情報記号　174
情報源　95, 131, 141
情報源記号　141
情報源符号化　16, 150
情報源符号化定理　161
情報ダイバージェンス　106
情報多項式　183
乗法定理　76, 114
情報伝送速度　140
情報の本質　17
情報表現　84
情報量　118
情報理論　85
常用対数　46
常用対数表　47
真数　45
シンドローム　178
シンドローム多項式　185
ステート行列　270

ストリーム暗号　269
スポンジ構造　275
制御文字　193
生成行列　179
生成多項式　183
声帯　215
声道　215
積事象　69
全角　203
線形符号　174
線形予測符号化　207, 217
線形量子化　211
全事象　69
素因数分解　279
相互情報量　105, 135
走査線　227
組織符号　174

●た　行
第1水準漢字　197
対象フレーム　257
対数　45
第2水準漢字　198
互いに排反　69
単純ベイズ分類　124
蓄積系サービス　250
聴覚心理符号化　207, 218
聴覚心理モデル　219, 221
通信系サービス　250
通信モデル　131
通信路　131
通信路線図　133
通信路符号化　150
通信路符号化定理　140
通信路容量　137

使い捨てパッド　268
底　45
定常性　142
デジタル　9
デジタル化　12
デッドロック　21
転字式暗号　267
伝送情報量　135
転置行列　51
動画　247
等価選択肢数　100
統計的な偏り　270
統計力学　101
同時エントロピー　102
同時確率　73, 113
同時情報量　90
到達先　131
盗聴　277
独立　76

●な　行
なりすまし　277
2元対称消失通信路　134
2元対称通信路　134
2元符号　152
二項分布　78
二進数　17, 26
二値画像　231
2の補数　36
濃淡段階数　230

●は　行
場合の数　61
排他的論理和　56, 269
排反　69

ハイブリッド暗号　277
波形符号化　207
ハッシュ関数　274
ハッシュ値　274
八進数　28
ハフマン符号　162
ハフマン符号化　219, 233, 238
ハミング重み　172
ハミング距離　172
ハミング符号　176
パリティ　175
パリティ検査記号　175
パリティ検査行列　179
パリティ検査符号　175
パリティビット　19
パルス符号変調　207
半角　203
光の三原色　229
非瞬時符号　154
非線形量子化　212
ビット誤り率　133
秘密鍵　277
標本化　12, 15, 211
標本化誤差　14
標本化周波数　211
標本化定理　13, 14
標本空間　68
標本点　68
平文　267
フォント　195
フォン・ノイマン*　102
復号　56, 132, 267
符号　10, 152
符号化　131, 152
符号化文字集合　196

符号系列　131
符号語　152
符号多項式　182
符号長　152
符号付き整数　35
符号なし整数　34
符号の木　155
符号の効率　163
符号ビット　35
浮動小数点数　39
フレーム　247
フレーム間差分　254
フレーム間符号化　261
フレーム内符号化　261
フレームメモリ　260
フレームレート　248
プログレッシブ　249
ブロック暗号　270
ブロック化　233
ブロックノイズ　242
ブロックマッチング法　257
プロトコル　20
分枝分解性　105
分析合成　207
平均符号長　158
ベイズ更新　122
ベイズの定理　114, 116
ベン図　72
法　55
包摂　203
補助漢字　200
ボルツマン*　101
ボルツマンのエントロピー　101

●ま　行
前処理　233
マクロブロック　257
マスキング効果　222
マルコフ過程　79
マルコフ情報源　144
マルチメディア　22
丸め誤差　40
明度　229
モード　273
文字コード　191
文字符号化方式　197
モスキートノイズ　243

●や　行
尤度　120
余事象　69

予測画像　255
予測係数　217
予測誤差　255
予測残差　217

●ら・わ行
ラウンド　270
ラウンド鍵　271
ランレングス符号化　241
離散コサイン変換　233
離散対数　279
理由不十分の原則　117
量子化　14, 15, 211, 219, 233, 237
量子化誤差　14
量子化レベル　211
列ベクトル　50
和事象　69

分担執筆者紹介

森本　容介（もりもと・ようすけ）
・執筆章→2〜4・11

2002 年　東京工業大学大学院社会理工学研究科修士課程修了，修士（工学）
2005 年　東京工業大学大学院社会理工学研究科博士課程修了，博士（工学）
現在　　放送大学准教授，東京医科大学兼任准教授
主な著書　『Web のしくみと応用』（放送大学教育振興会）

編著者紹介

加藤　浩（かとう・ひろし）
・執筆章→ 1・5・6・15

1983 年	慶應義塾大学大学院工学研究科修士課程修了，修士（工学）
1999 年	東京工業大学大学院社会理工学研究科博士課程修了，博士（工学）
現在	放送大学教養学部教授，熊本大学大学院社会文化科学研究科教授システム学専攻客員教授，総合研究大学院大学名誉教授
主な著書	『認知的道具のデザイン』（共編著，金子書房）『プレゼンテーションの実際』（培風館）

浅井　紀久夫（あさい・きくお）
・執筆章→ 7～10・12～14

1991 年	名城大学理工学部電気電子工学科卒業
1996 年	名古屋大学大学院工学研究科退学
現在	放送大学教養学部教授，博士（工学）
専攻	マルチメディア情報学
主な著書	『CG と画像合成の基礎』（放送大学教育振興会）

放送大学教材　1750046-1-1911（テレビ）

情報理論とデジタル表現

発　行　　2019年3月20日　第1刷
　　　　　　2022年1月20日　第2刷
編著者　　加藤　浩・浅井紀久夫
発行所　　一般財団法人　放送大学教育振興会
　　　　　　〒105-0001　東京都港区虎ノ門1-14-1　郵政福祉琴平ビル
　　　　　　電話　03（3502）2750

市販用は放送大学教材と同じ内容です。定価はカバーに表示してあります。
落丁本・乱丁本はお取り替えいたします。

Printed in Japan　ISBN978-4-595-31957-0　C1355